Trichology
STUDY GUIDE BOOK

두피 모발관리학 실습
스터디 가이드 북

메디시인

머리말

현대사회는 눈부신 과학의 발달로 현대인은 많은 산업분야가 로봇, 인공지능(AI)으로 대체되고 있는 '4차 산업혁명 시대'에 살고 있습니다. 이러한 거대한 흐름에서 미용 산업 환경도 혁신적인 기술의 변화와 함께 인공지능(AI)과 사물인터넷(IoT), 클라우드 컴퓨팅, 빅데이터 등이 미용분야에 적용이 이루어지기 시작했습니다.

그러나 미용분야에서는 아무리 발전된 혁신적인 기술이라 하더라고 인간의 기술과 서비스가 융합된 시스템이 반드시 필요합니다. 이를 위해서는 현장 실무에서 이루어지는 실습의 체계적인 교육이 필수적입니다.

본 교재는 현장실무에 바탕을 두고 두피 · 모발관리를 이해하기 위한 이론적 지식을 정리하여 실무에 활용할 수 있도록 하였습니다. 또한 두피 · 모발관리에 처음 입문해서 필요한 학습 내용부터 다양한 실습과 관리방법 및 내용을 기록 · 정리할 수 있도록 하였습니다.

본 교재가 두피 · 모발관리 실습 및 수업시간에 학습효과를 높일 수 있는 자료로 활용되었으면 하는 바램입니다.

끝으로 이 책이 햇빛을 보게 되기까지 많은 도움을 주신 (주)지구문화/메디시언 임직원 여러분의 노고에 감사를 드립니다.

신축년 새 봄에

배근혜

차례

Contents

차례

Chapter 1 두피 · 모발 전문가

1. 두피·모발 전문가 학습정리
2. 두피·모발 전문가 학습평가
3. 학습정리 Point!

Chapter 1

두피 · 모발 전문가

1. 두피·모발 전문가 학습정리

1. 두피·모발관리 시장

① 외모지상주의가 사회 전반에 팽배하여 외모에 대한 관심이 급격히 증가

② 나이 들어 보이게 하는 요인 중 빠질 수 없는 것이 바로 탈모 현상

③ 의학의 발달로 수명이 늘고 사회가 급격히 고령화

④ 두피·모발관리나 탈모 예방이 사람들의 관심사

⑤ 두피·모발관리 시장의 변화

피부관리(두피관리) → 피부과 병원 + 모발이식 + 두피관리 서비스, 탈모치료제, 가발 등

2. 두피·모발 전문가란?

(1) 모발학(trichology)

① 두피와 모발에 대한 연구

② 모발이라는 뜻의 그리스어 'trikhos'에서 유래

③ 모발(hair), 두피(scalp)의 생리적 이론과 발생 가능 문제를 분석하는 과학

④ 전문적 지식을 통해 관리 방법을 습득

(2) 두피 · 모발 전문가(trichologist)

① 건강한 두피와 모발을 유지하도록 도움을 주는 역할을 하는 사람

② 두피 문제와 스케일링 적용법을 알고 건성 및 지성 두피, 모발 파열이나 손상에서 생기는 모든 문제들을 치유·관리하는 전문가

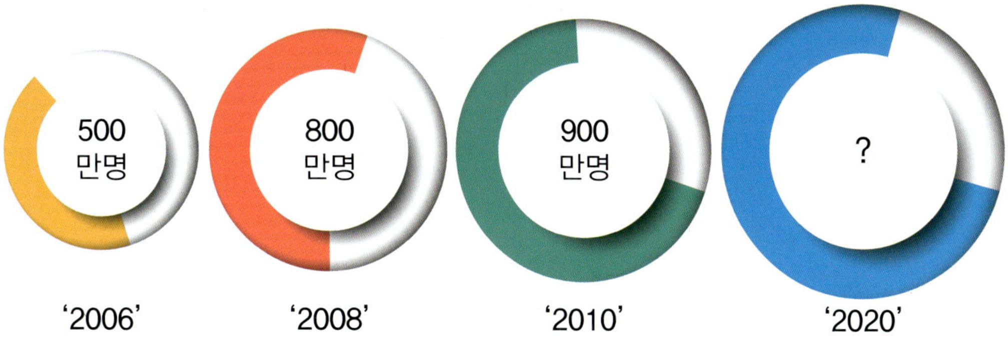

두피·모발관리 시장

2. 두피·모발 전문가 학습평가

1. 두피·모발관리 시장

2. 두피·모발 전문가란?

Memo

3. 학습정리 Point!

1. 모발학이란?

2. 두피·모발 전문가란?

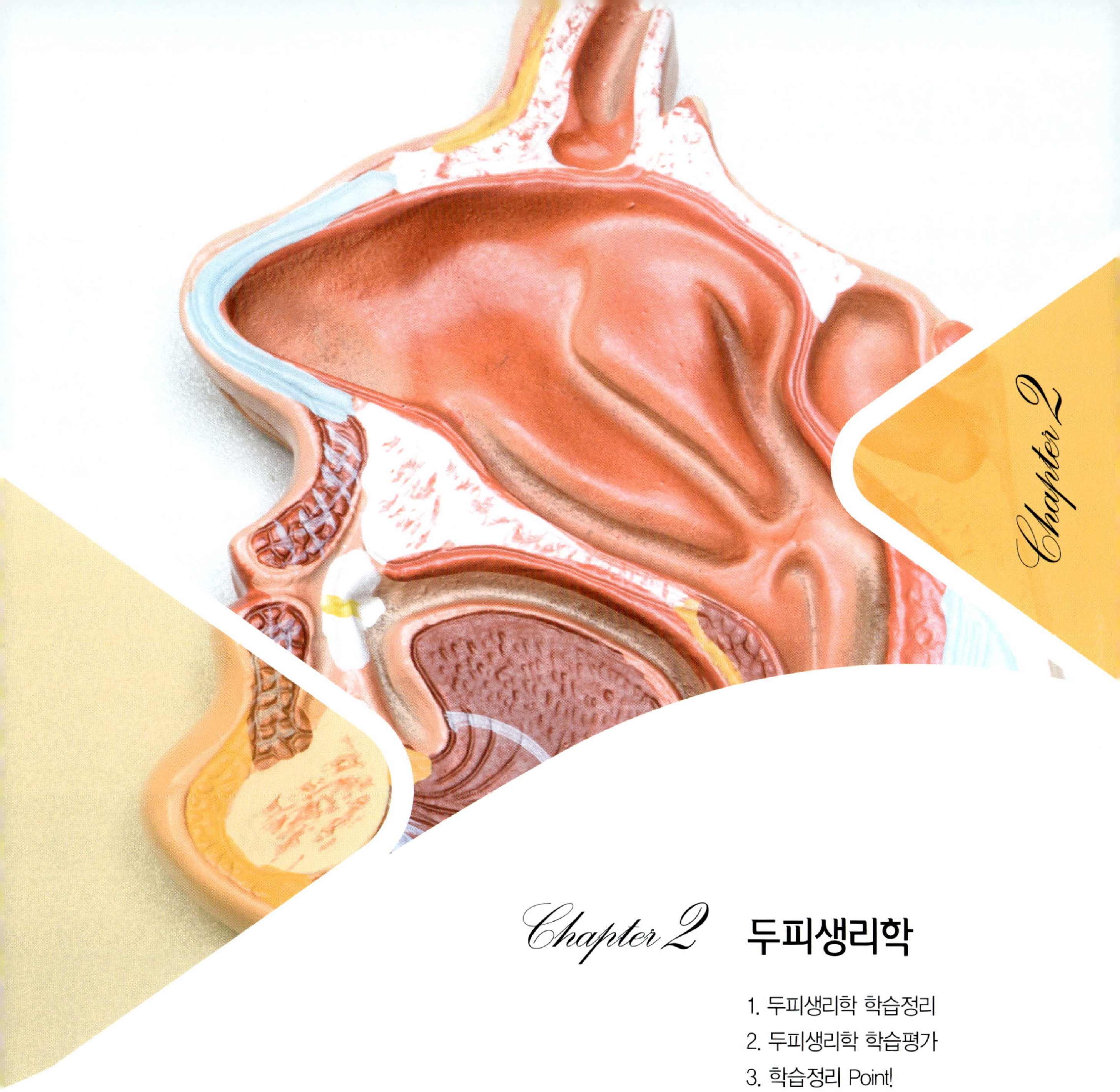

Chapter 2 두피생리학

1. 두피생리학 학습정리
2. 두피생리학 학습평가
3. 학습정리 Point!

Chapter 2

두피생리학

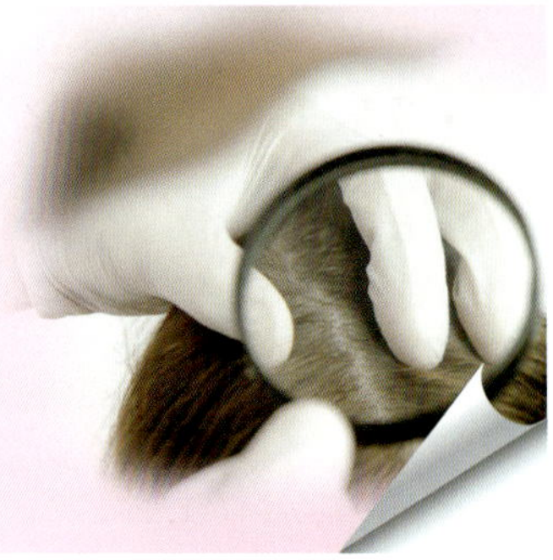

1. 두피생리학 학습정리

1. 두개골의 구조

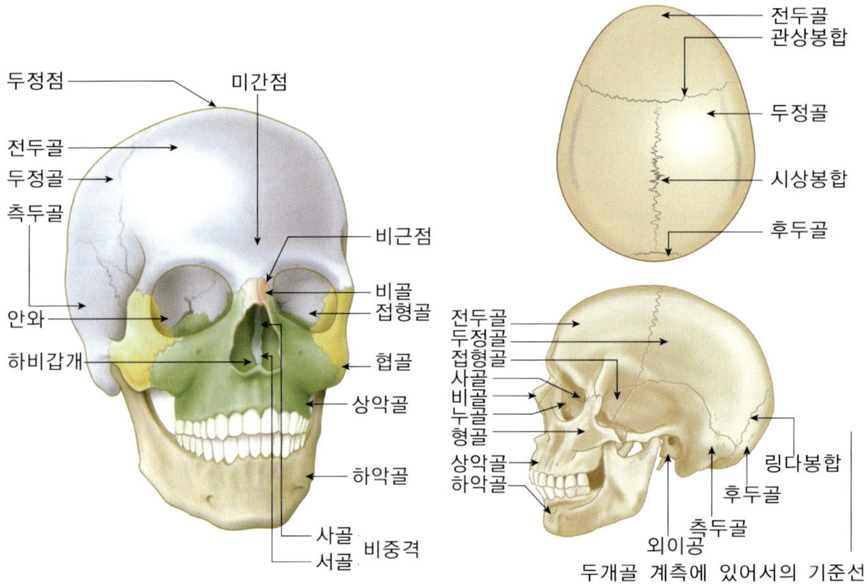

두개골의 구조

① 두개골(skull bone) : 두개를 형성하는 뼈

- 뇌두개골 + 안면골 : 15종 23개로 구성

② 뇌두개골 : 머리를 싸고 있는 뼈(6종 8개)
- 후두골, 전두골, 두정골, 측두골, 접형골, 사골

③ 안면골 : 안면을 형성하는 뼈(9종 15개)
- 하비갑개, 누골, 비골, 관골, 구개골, 상악골, 하악골, 사골, 서골

2. 머리의 근육

(1) 얼굴의 근육

- 섬세하고 작은 근육으로 구성, 표정을 짓는 데 활용
- 안면근 + 저작근으로 구성

① 안면근

- 두개근(머리덮개근)
- 눈꺼풀 틈새 주위의 근
- 콧구멍 주위 근
- 입술 틈새 주위 근

② 저작근

- 측두근
- 교근
- 내측익돌근
- 외측익돌근

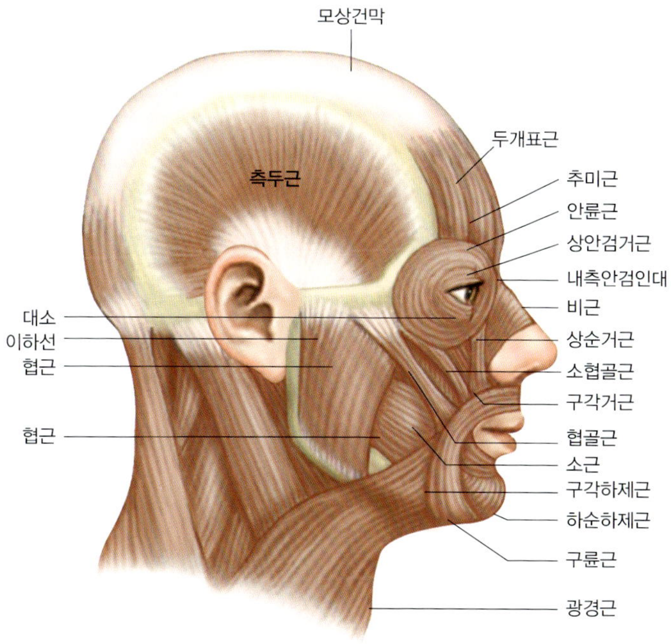

머리의 근육

3. 목의 근육

- 전체 두개를 움직이고 균형을 잡는 역할
- 머리의 지지에 관련
- 목의 회전에 관련
- 호흡에 관련

① 뒷머리 아래 근육

상두사근, 두최장근, 소후두직근, 대후두직근, 하두사근

② 몸 바깥쪽 근육

중사각근, 후사각근, 목갈비근

③ 목 뒤 근육

승모근, 견갑거근, 능형근, 두극근, 두판상근, 경판상근

④ 목 앞쪽의 근육

흉쇄유돌근, 광경근

4. 두피의 기능

5. 두피의 구조

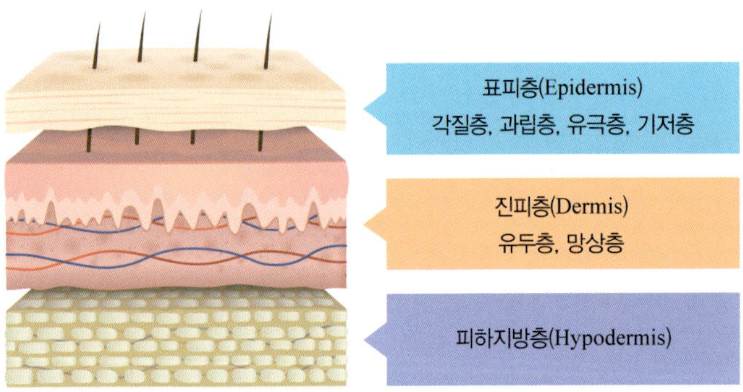

(1) 표피층

피부의 가장 바깥에서 보호, 방어 기능을 수행, 28일을 주기로 각화과정을 가짐

① 각질층

- 피부의 가장 바깥쪽에 위치, 20~25개의 얇은 층으로 구성, 비닐과 같은 얇은 조각 상태
- 피부보호
- 케라틴(단백질)이 주성분
- 핵이 없는 죽은 세포(무핵세포)

② 투명층

- 각질층의 바로 밑에 2~3개 층의 상피세포로 존재
- 밝게 빛나는 투명한 세포
- 반유동성 단백질인 엘라이딘(Elaidin)이 존재
- 손, 발바닥에 존재

③ 과립층

- 2~5개 층의 다이아몬드 모양 세포로 구성
- 내부의 수분증발 방지, 외부의 물질 침투를 막아주는 역할, Barrier Zone(수분저지막)
- 케라토히알린 과립이 존재

④ 유극층

- 표피층의 대부분을 차지하는 가장 두꺼운 층
- 유핵세포로 구성
- 세포분열이 일어남
- 면역을 담당하는 랑게르한스세포 존재

⑤ 기저층

- 단일세포층으로 구성
- 유핵세포로 구성
- 세포분열이 가장 활발하게 일어남(재생작용)
- 모세혈관을 통해 산소, 영양분을 공급받아 새로운 세포 생성, 분열에 중요한 역할을 함

표피층의 구성 세포

① 각질형성세포

② 멜라닌형성세포

③ 머켈세포

④ 랑게르한스세포

각질층의 구성 성분

① 케라틴 단백질 : 약 58%

② 세포간지질 : 약 11%

③ 천연보습인자(Natural Moisturizing Factor) : 약 32%

(2) 진피층

① **유두층** : 유두가 물결모양을 이루고 있는 부위, 모세혈관, 신경, 림프관 등이 분포, 10~20% 구성

② **망상층** : 교원섬유와 탄력섬유가 그물망 구조를 가짐, 피부를 지지해주고 탄력을 유지, 피부의 부속기관 분포, 진피의 대부분을 구성

진피층의 구성 물질

① 콜라겐

② 엘라스틴

③ 기질

(3) 피하지방층

① 물리적 방어 기능

② 체온조절 기능

③ 저장기능

Memo

2. 두피생리학 학습평가

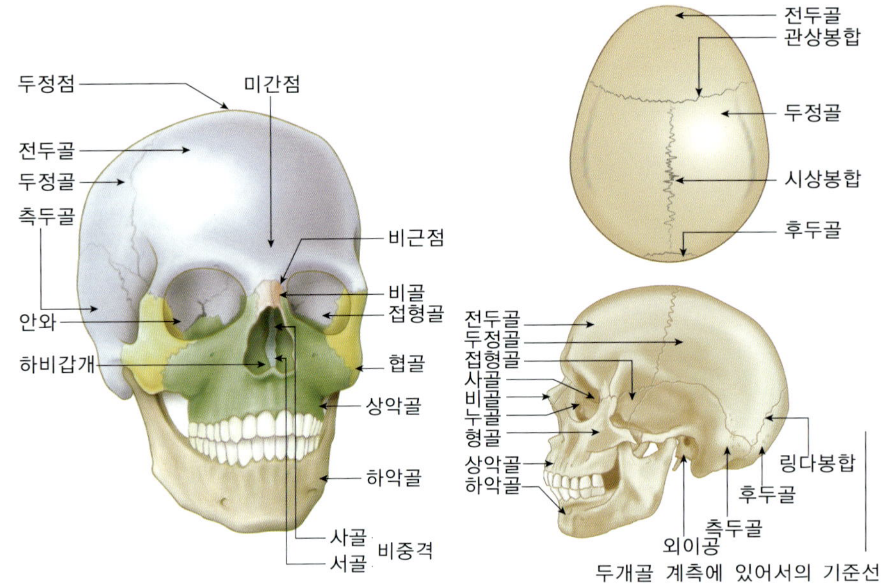

두개골의 구조

1. 두개골의 구조

(1) 두개골(skull bone) : ....

• .... + ... : 15종 23개로 구성

① 뇌두개골 : ....

• ....

② 안면골 : ....

• ....

2. 머리의 근육

(1) 얼굴의 근육

- ....
- .... + ... 로 구성

① ....

- 두개근(머리덮개근)
- 눈꺼풀 틈새 주위의 근
- 콧구멍 주위 근
- 입술 틈새 주위 근

② ....

- 측두근
- 교근
- 내측익돌근
- 외측익돌근

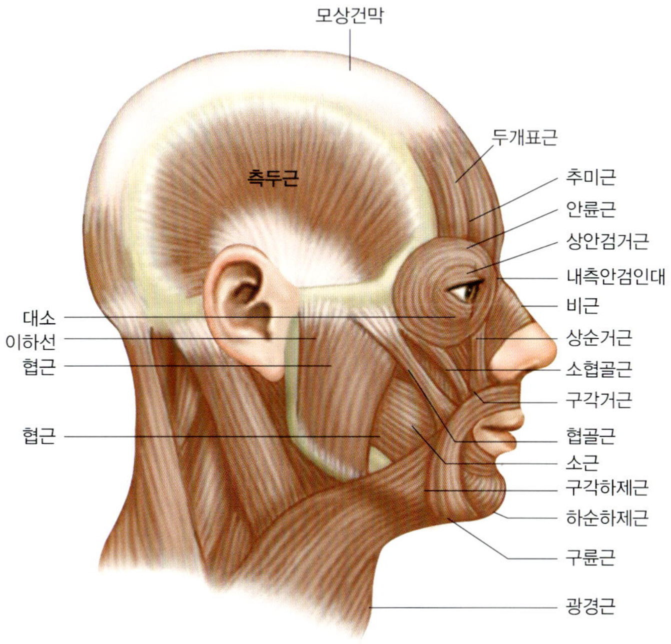

머리의 근육

3. 목의 근육

-
-
-
-

①

상두사근, 두최장근, 소후두직근, 대후두직근, 하두사근

②

중사각근, 후사각근, 목갈비근

③

승모근, 견갑거근, 능형근, 두극근, 두판상근, 경판상근

④

흉쇄유돌근, 광경근

4. 두피의 기능

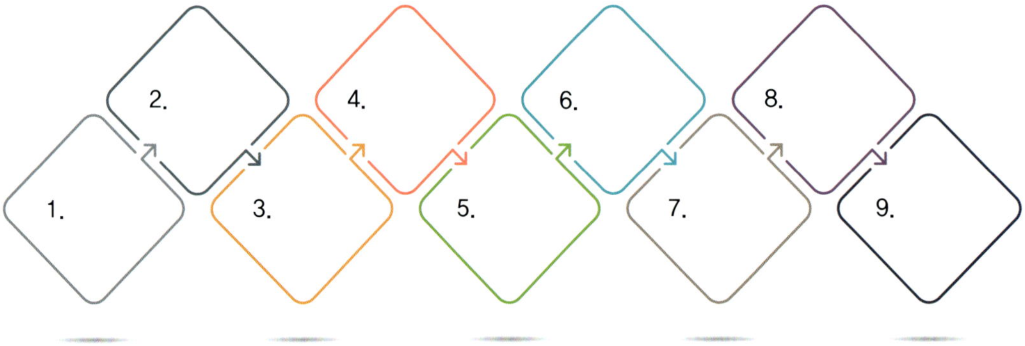

5. 두피의 구조

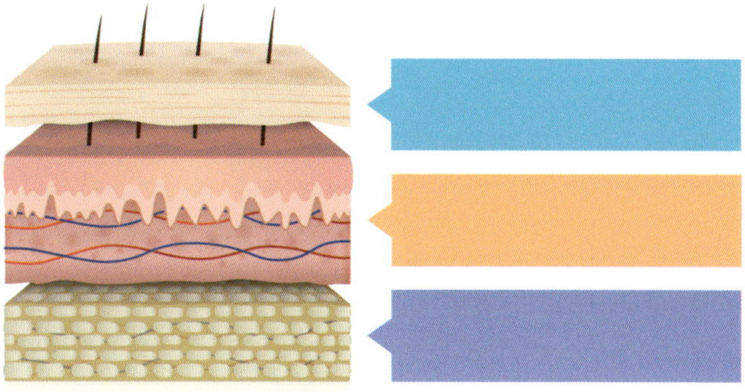

(1) 표피층

피부의 가장 바깥에서 보호, 방어 기능을 수행, 28일을 주기로 각화과정을 가짐

① 각질층

② 투명층

③ 과립층

④ 유극층

⑤ 기저층

표피층의 구성 세포

①

②

③

④

각질층의 구성 성분

①

②

③

(2) 진피층

진피층의 구성물질

①

②

③

(3) 피하지방층

Memo

3. 학습정리 Point!

1. 두피의 기능 9가지는?

2. 표피층을 분류하세요.

3. 표피층을 구성하는 구성 세포는?

4. 진피층을 분류하세요.

5. 진피층의 구성 물질 3가지는?

Memo

Chapter 3 모발생리학

Chapter 3

모발생리학

1. 모발생리학 학습정리

1. 모발의 기능

① 보호기능 : 두개골의 충격 완화, 두개골 보호, 뇌 보호, 자외선으로부터 보호, 추위와 더위로부터의 보호

② 감각기능 : 자극에 반응하여 인체를 보호

③ 장식기능 : 아름다움과 개성의 표현

④ 배출기능 : 체내의 노폐물, 유해성분을 배출

2. 모발의 성분

(1) 케라틴

① 모낭에서 만들어짐

② 모세포들이 분열을 일으킬 때 살아남지 못한 세포들로 구성

③ 죽은 조직들로 이루어짐

④ 매우 단단한 구조

⑤ 물리적인 외부 환경에 매우 강함

⑥ 알칼리와 열에는 비교적 약한 편

(2) 결합수

① 모발의 수분 함유량

② 평상시에는 10～15% 정도

③ 세정 직후에는 30～35% 정도

④ 드라이 후에는 10% 정도

⑤ 수분량은 주변 습도, 온도에 영향을 받음

(3) 지질

① 모발 표면에 있는 외부지질

② 모발 내부에 있는 지질

③ **주성분** : 유리지방산 (중성지질 함유)

(4) 멜라닌

① 모발을 착색

② 자외선으로부터 두피를 보호하는 중요한 역할

(5) 미량원소

① 철, 망간, 구리, 요오드, 아연, 몰리브덴, 불소, 크롬, 비소 등

② 모발의 건강을 유지하는 데 필수적으로 요구

3. 모발의 결합

(1) 주쇄결합(폴리펩티드)

(2) 측쇄결합

① 시스틴결합

② 염결합(이온결합)

③ 수소결합

④ 그밖의 결합

4. 모발의 성질

① 모발의 인장
② 모발의 흡습성(hygroscopicity)
③ 모발의 팽윤성(swelling)
④ 모발의 열변성
⑤ 모발의 광변성
⑥ 모발의 대전성(electrification property)
⑦ 모발의 pH(pH of hair)

등전점
측쇄의 염결합이 가장 안정되어 있는 수치
pH(potential of Hydrogen) 4.5～5.5

5. 모발의 구조

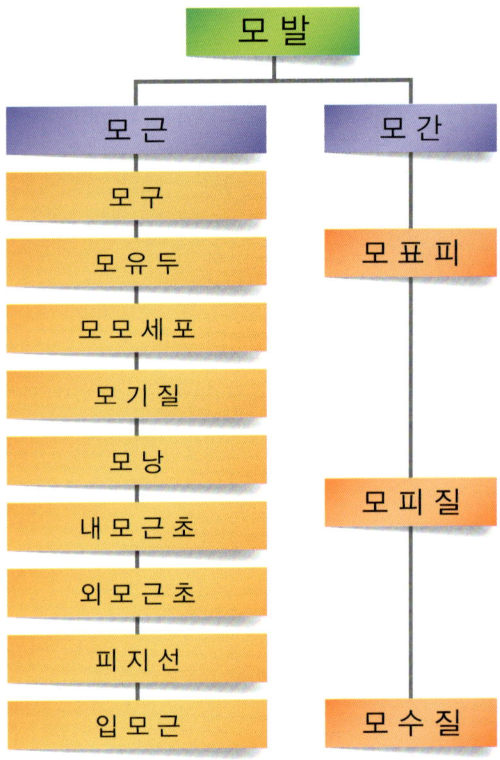

모발의 구조

(1) 모근부

① 모구(hair bulb)

② 모유두(hair papilla)

③ 모모세포(keratinocyte)

④ 모기질(hair matrix)

⑤ 모낭(hair follicles)

- 내모근초
- 외모근초

⑥ 피지선

⑦ 입모근

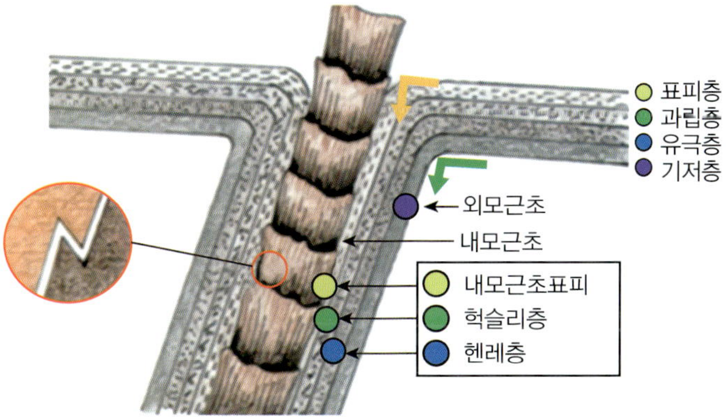

모근부의 구조

(2) 모간부

① 모수질

② 모피질

③ 모표피

- 에피큐티클
- 엑소큐티클
- 엔도큐티클

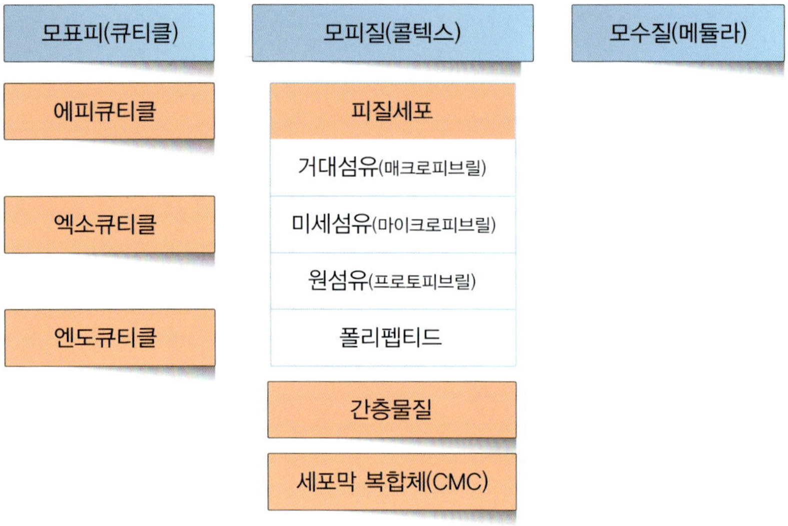

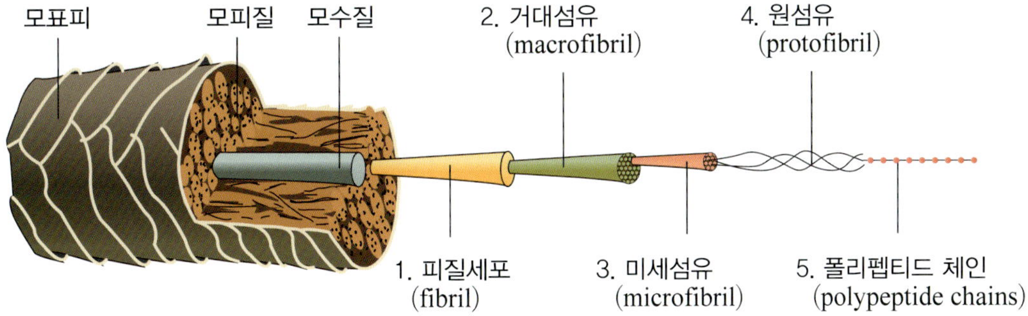

모간부의 구성

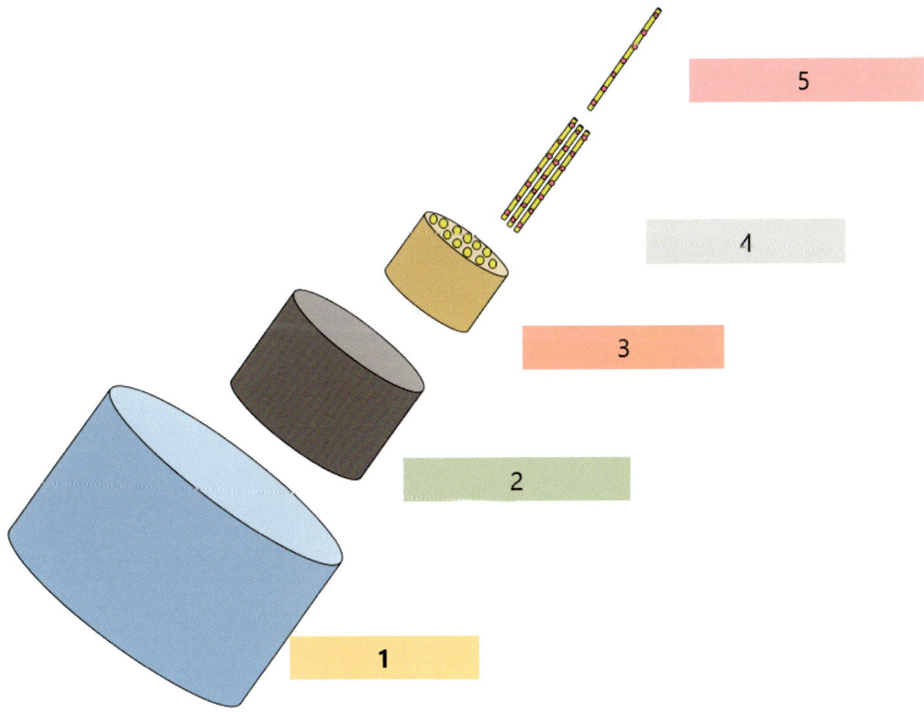

모간부의 구성

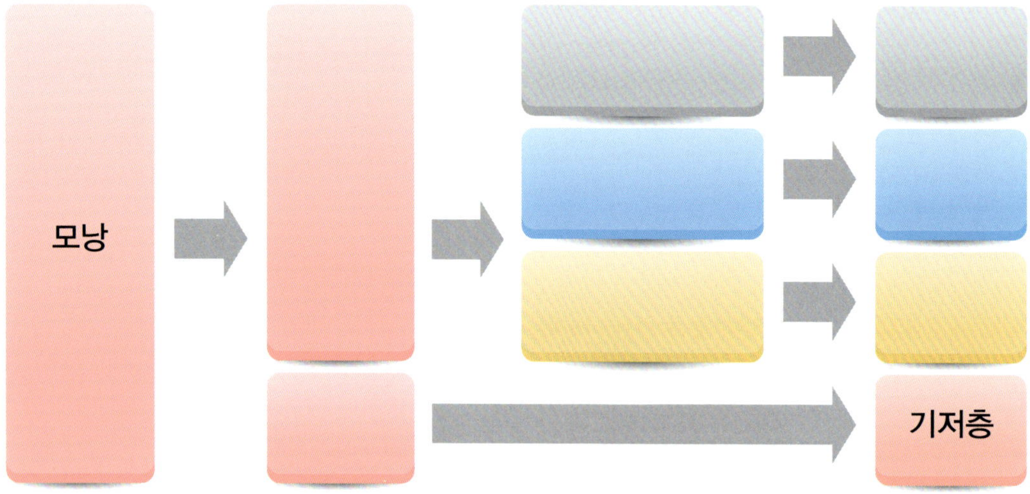

모낭의 구성

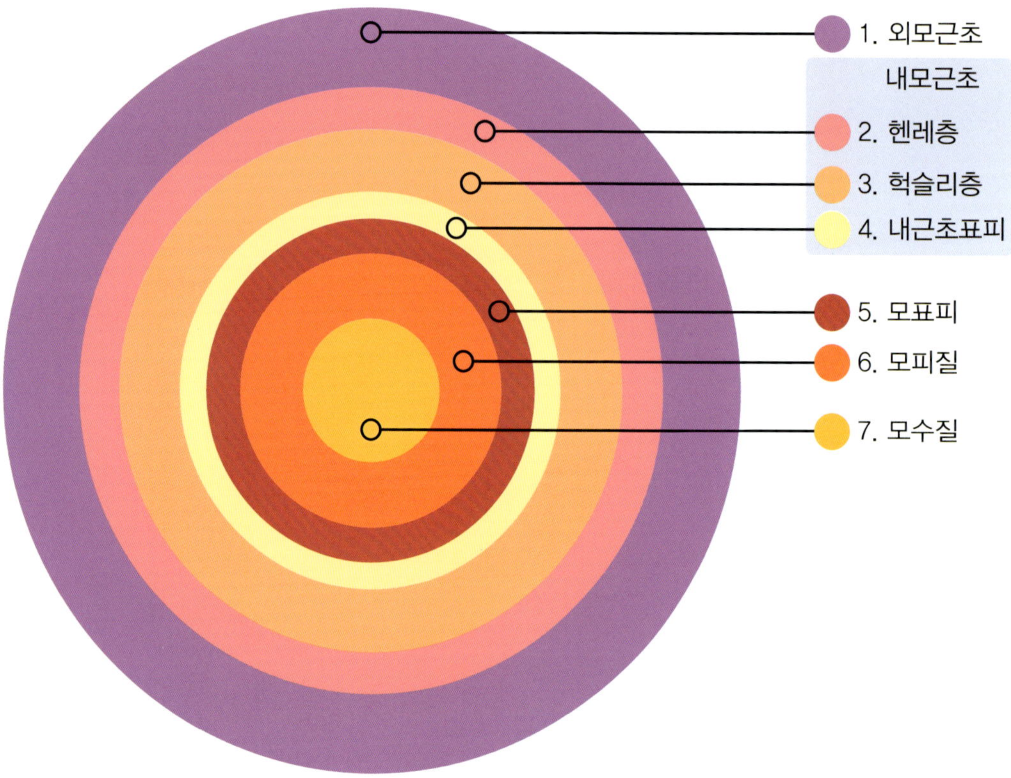

모근초(Hair Follicle)

6. 모발의 성장주기

① 성장기(생장기; Anagen) : 지속적인 성장을 하는 시기

모유두의 모세혈관으로부터 보내진 영양분으로 성장이 이루어 짐. 수명은 3~6년

② 퇴행기(퇴화기; Catagen) : 대사 과정이 느려지는 시기

모구부의 수축 현상, 세포분열이 점차적으로 둔화되다가 정지. 수명은 2~3주

③ 휴지기(Talogen) : 모발이 탈락하는 시기

모낭의 깊이도 1/3로 줄어드는 단계, 전체 모발의 약 15%가 휴지기 상태. 수명은 3~4개월

④ 발생기(Return to anagen)

한 모낭의 두 개의 주기의 모발이 존재

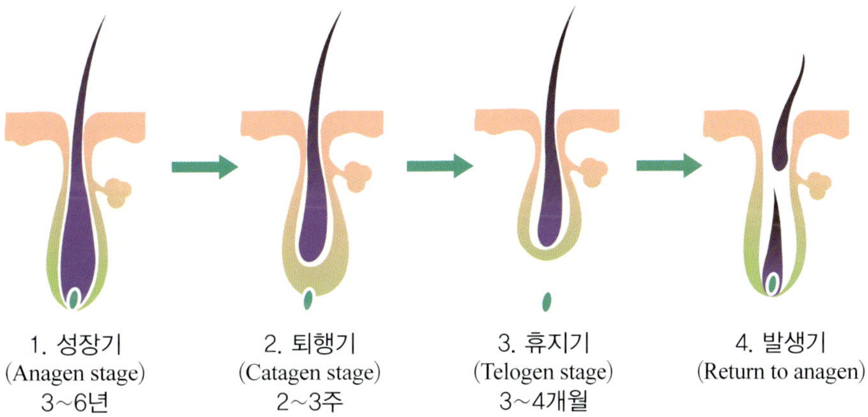

모발의 성장주기

Memo

2. 모발생리학 학습평가

1. 모발의 기능

① ....

② ....

③ ....

④ ....

2. 모발의 성분

(1) ....

① 모낭에서 만들어짐

② 모세포들이 분열을 일으킬 때 살아남지 못한 세포들로 구성

③ 죽은 조직들로 이루어짐

④ 매우 단단한 구조

⑤ 물리적인 외부 환경에 매우 강함

⑥ 알칼리와 열에는 비교적 약한 편

(2) ....

① 모발의 수분 함유량

② 평상시에는 10~15% 정도

③ 세정 직후에는 30~35% 정도

④ 드라이 후에는 10% 정도

⑤ 수분량은 주변 습도, 온도에 영향을 받음

(3) ....

① 모발 표면에 있는 외부지질

② 모발 내부에 있는 지질

③ **주성분** : 유리지방산 (중성지질 함유)

(4) ....

① 모발을 착색
② 자외선으로부터 두피를 보호하는 중요한 역할

(5) ....

① 철, 망간, 구리, 요오드, 아연, 몰리브덴, 불소, 크롬, 비소 등
② 모발의 건강을 유지하는 데 필수적으로 요구

3. 모발의 결합

(1) 주쇄결합(폴리펩티드)

(2) 측쇄결합

① ....
② ....
③ ....
④ ....

4. 모발의 성질

① ....
② ....
③ ....
④ ....
⑤ ....
⑥ ....
⑦ ....

....

측쇄의 염결합이 가장 안정되어 있는 수치

pH(potential of Hydrogen) 4.5～5.5

5. 모발의 구조

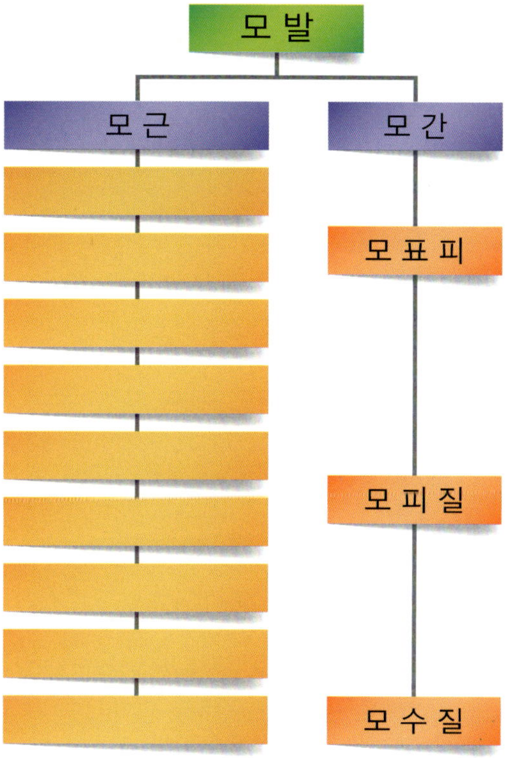

모발의 구조

(1) 모근부

① 모구(hair bulb)

② 모유두(hair papilla)

③ 모모세포(keratinocyte)

④ 모기질(hair matrix)

⑤ 모낭(hair follicles)

- 내모근초
- 외모근초

⑥ 피지선

⑦ 입모근

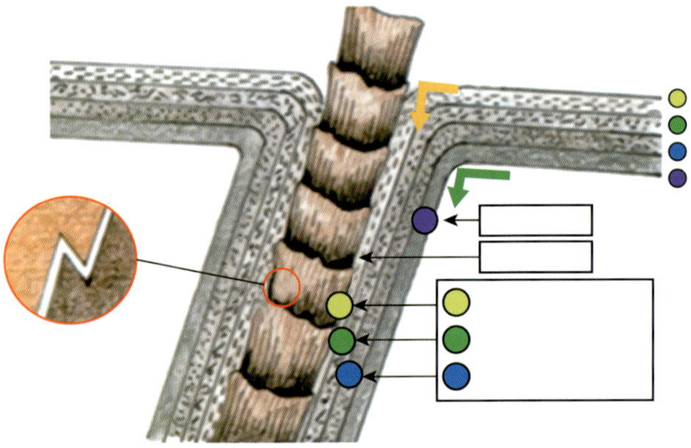

모근부의 구조

(2) 모간부

① **모수질**

② **모피질**

③ **모표피**

- 에피큐티클
- 엑소큐티클
- 엔도큐티클

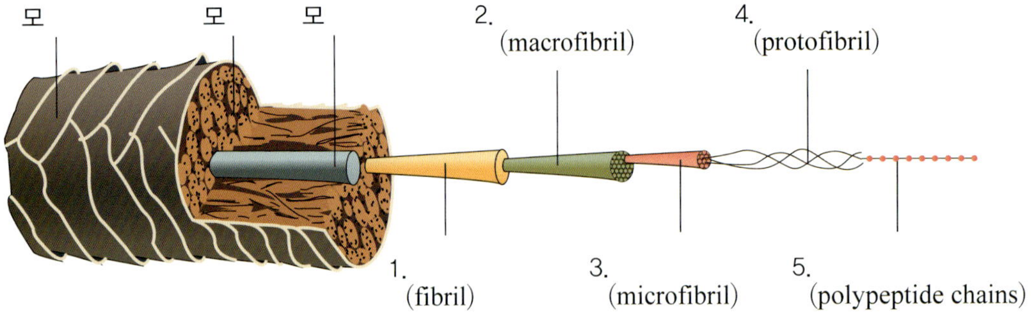

모간부의 구성

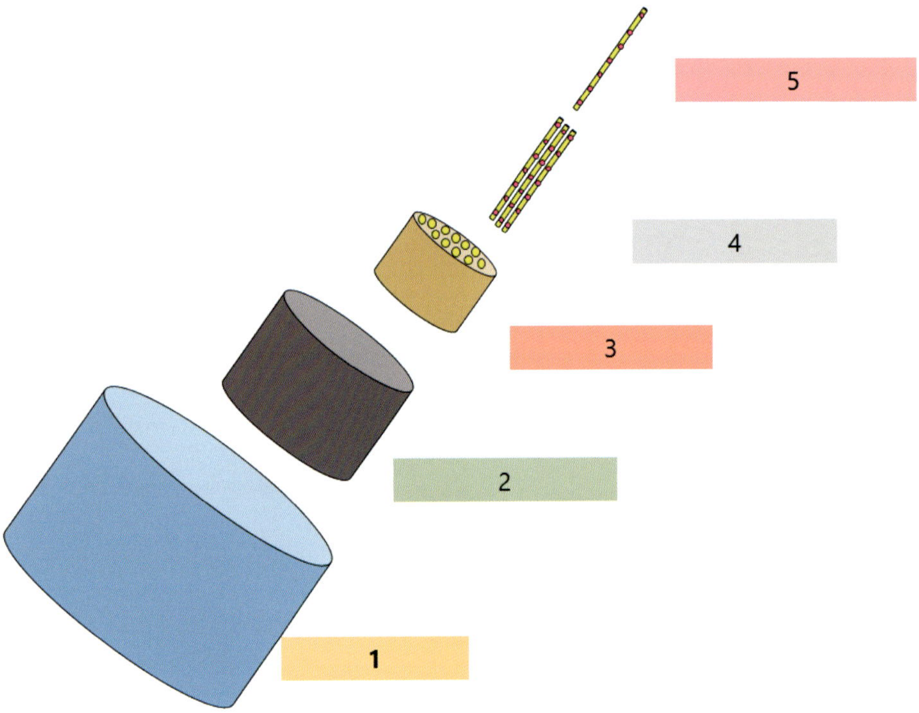

모간부의 구성

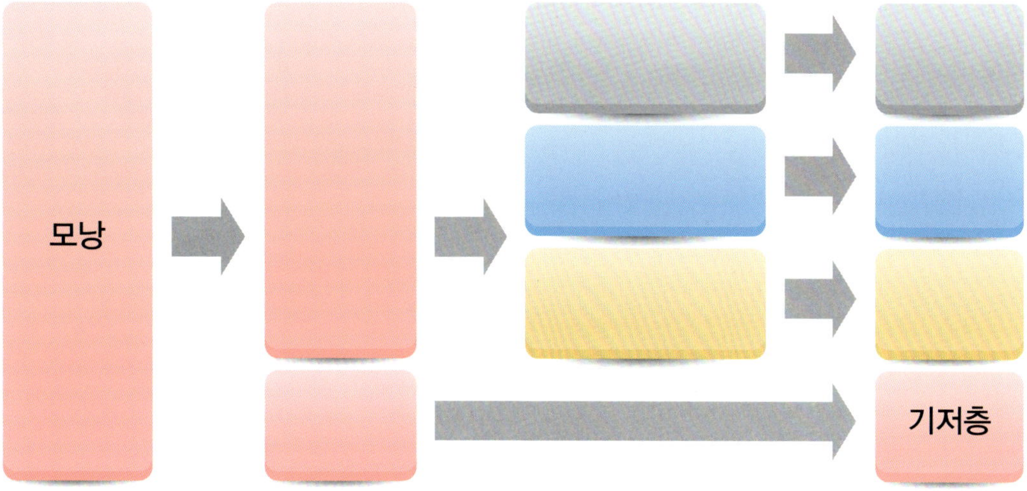

모낭의 구성

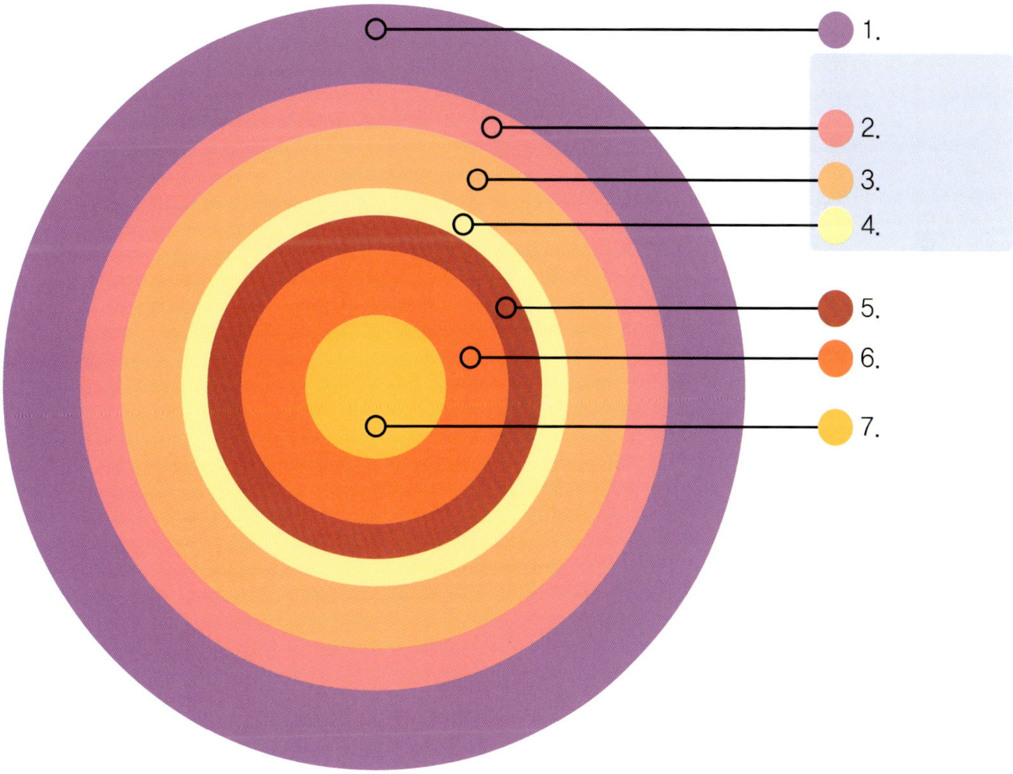

모근초(Hair Follicle)

6. 모발의 성장주기

①

②

③

④

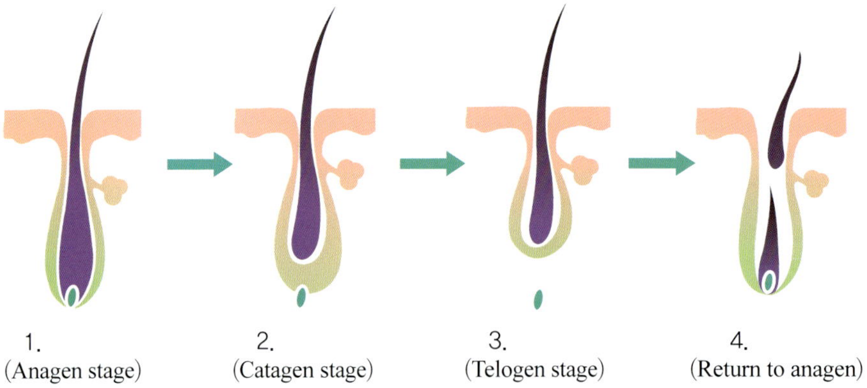

모발의 성장주기

3. 학습정리 Point

1. 모간부의 구성

2. 모간부의 구성

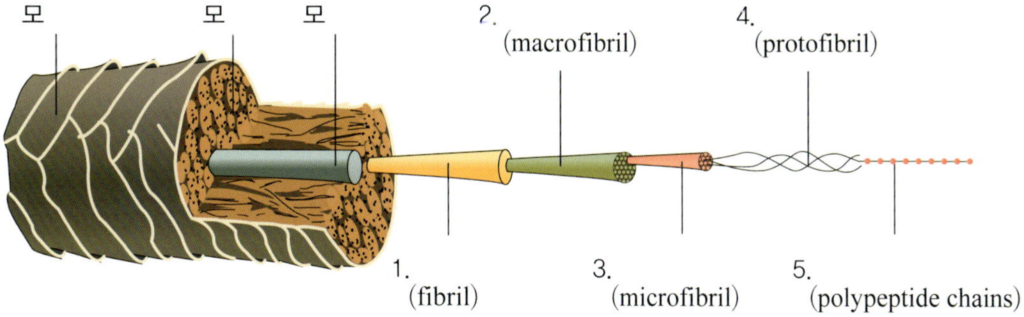

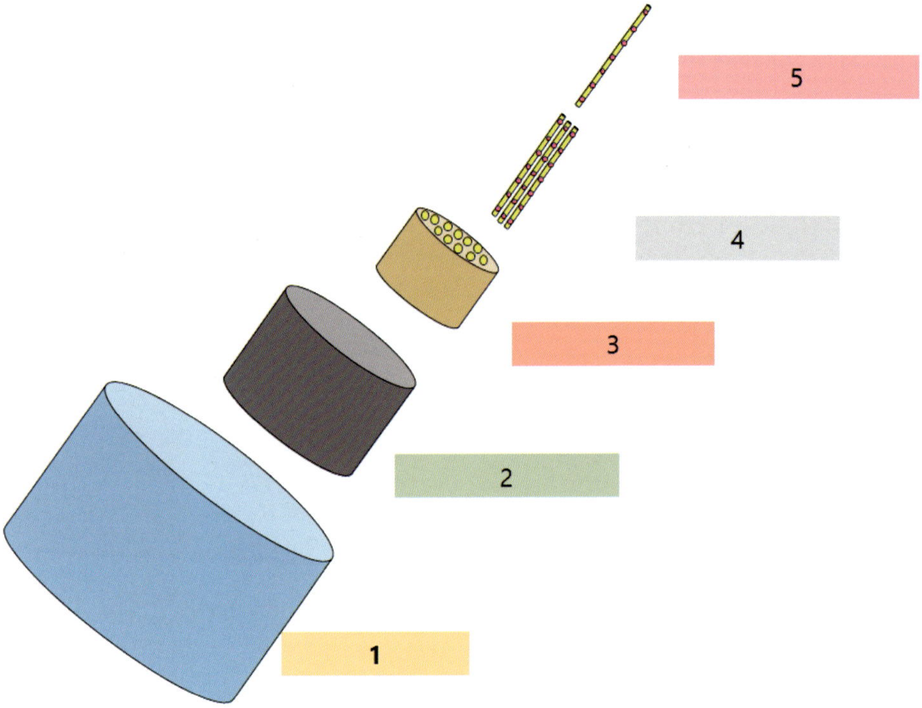

3. 모낭의 구성

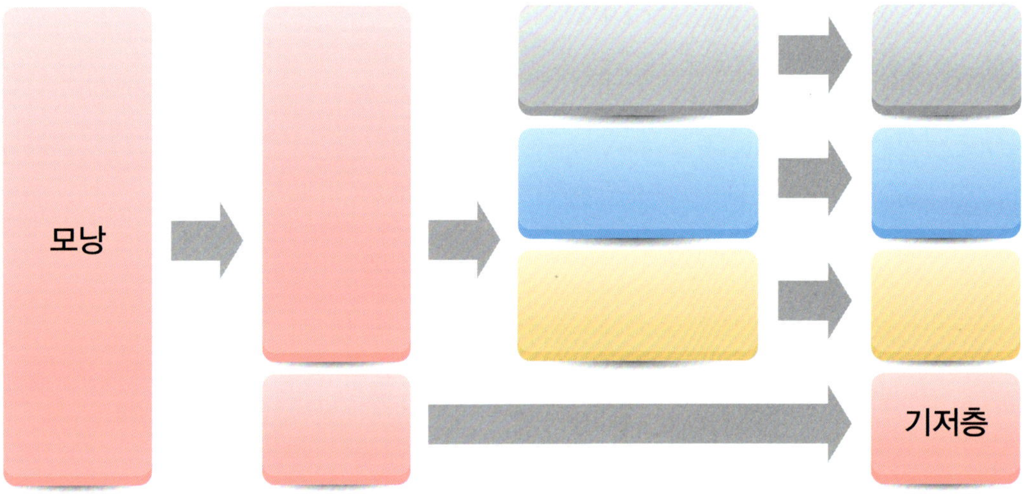

4. 모근초

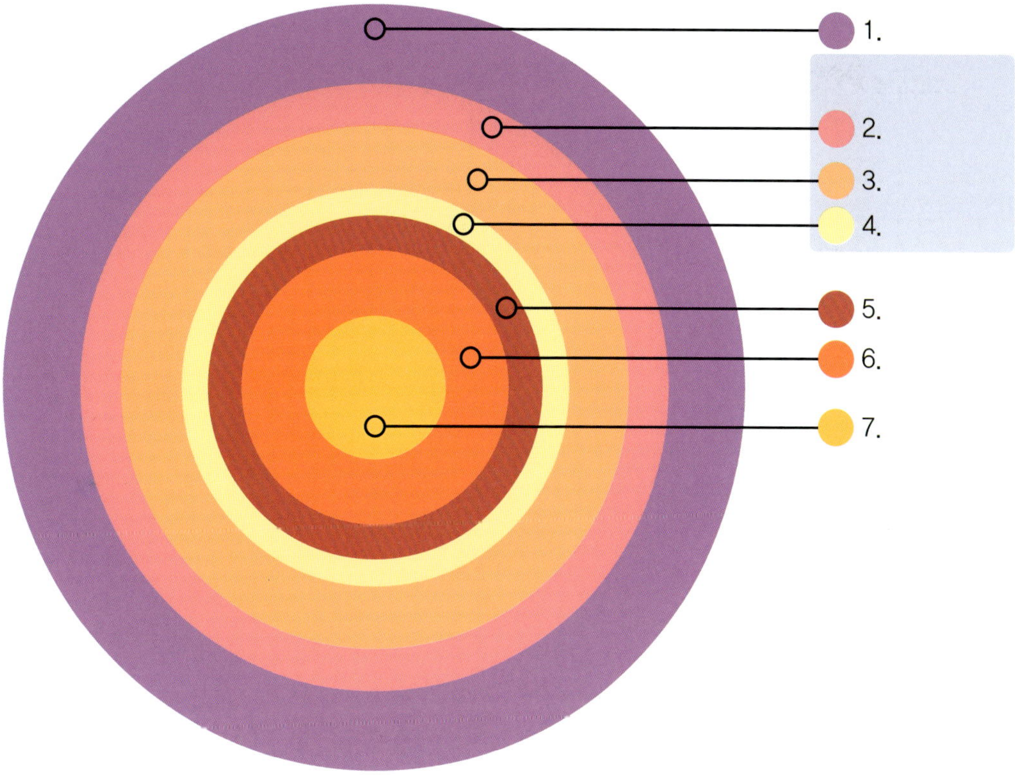

5. 모발의 성장주기

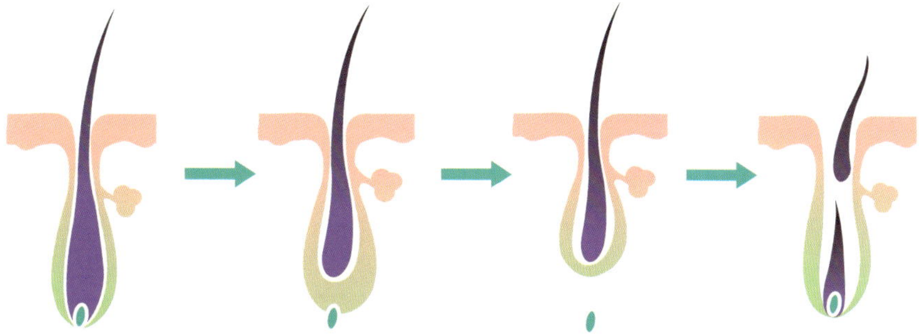

Memo

Chapter 4 탈모

Chapter 4

탈 모

1. 탈모 학습정리

1. 탈모의 개념

① 정상적으로 자라던 털이 어떤 이유에 의해 빠짐
② 모발이 결여되거나 그 수가 감소하는 것
③ 두피의 성모가 탈락되는 것
④ 모발 성장 주기가 성장기에서 갑자기 휴지기로 변화
⑤ 하루에 빠지는 모발의 수가 200개 정도로 늘어남
⑥ 모발의 연모화 현상

2. 탈모의 유형

① **반흔성 탈모** : 임상적으로 모낭이 파괴돼 모발 재생불가
② **비반흔성 탈모** : 모낭이 유지되어서 증상 부위가 사라진 후에 모발이 재생 가능

1. 남성형 탈모 → 2. 여성형 탈모 → 3. 원형 탈모 → 4. 산후 탈모 → 5. 결발성 탈모 → 6. 그 밖의 탈모

(1) 남성형 탈모증

① 유전적 소인과 과도한 피지 분비가 원인

② 전두부와 두정부에 걸쳐 전체적으로 탈모

③ 전두부가 점점 후퇴해 가는 것이 특징

④ 측두부나 후두부의 모발은 빠지지 않고 남아 있음

⑤ 턱수염, 팔, 다리털 등의 체모는 오히려 두껍고 많아짐

⑥ 형태

- M형 탈모
- C형 탈모
- O형 탈모
- U형 탈모

(2) 여성형 탈모증

① 체내 호르몬 불균형으로 안드로겐 과다 – 탈모증세

② 대부분 윗부분의 모발이 얇아지고 숱이 적어지는 양상

③ 일정한 패턴이 나타나지 않음

④ 가르마가 넓어지는 형태로 나타남

⑤ 폐경기 이후, 중년 이후 가속화되는 경향

(3) 원형탈모

① 유전적 소인, 정신적 스트레스의 영향

② 형태는 원형이나 난원형

③ 두피 외 수염, 눈썹, 음모, 겨드랑이 털 등에도 발생

④ 원인은 대체로 자가 면역기전

⑤ 남녀노소 구별 없이 발생

⑥ 신경성 탈모증상

(4) 산후(post-partum) 탈모증

① 휴지기 탈모증

② 호르몬이 두피 모낭의 주기에 영향 → 일시적으로 발생

③ 출산 후 4~9개월 동안 발생

④ 탈모량은 정상인의 2~3배

⑤ 임신 시 에스트로겐의 양이 증가 → 성장기 모발 증가

⑥ 4~6개월 후 정상적인 휴지기 모발과 동시에 탈락 → 탈모 현상

(5) 결발성 탈모

① 모발을 세게 묶거나 당겨서 약해진 모근으로 인해 일어나는 탈모증

② 성장기 모발에 심하게 자극하여 당기면 모근의 약화 초래

③ 성인의 경우 과도한 머리 손질은 탈모 초래

④ 문진을 통해 구분

(6) 그 밖의 탈모

① 지루성 및 비강성 탈모증

② 접촉성 피부염에 의한 탈모증

③ 내분비계에 의한 탈모

④ 모낭충에 의한 탈모

3. 탈모의 요인

① 호르몬에 의한 요인

② 모발 화장품 및 시술에 의한 요인

③ 자연 환경에 의한 요인

④ 식생활에 의한 요인

⑤ 수면 부족에 의한 요인

⑥ 스트레스에 의한 요인

4. 탈모증의 메디컬 치료

① 약물치료

② 메조테라피

③ 모발이식

Memo

2. 탈모 학습평가

1. 탈모의 개념

2. 탈모의 유형

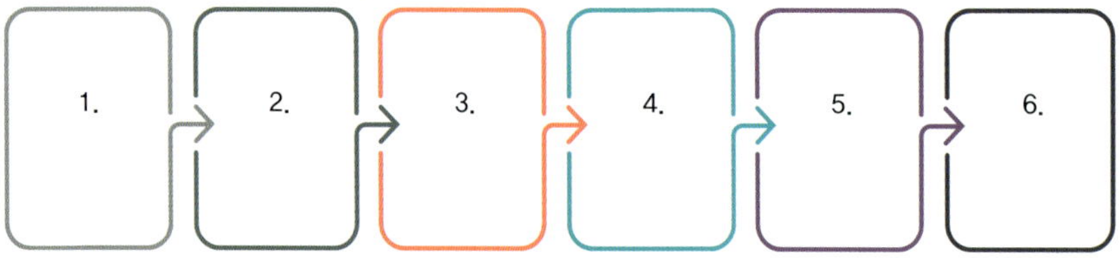

1)

2)

3)

4)

5)

6)

3. 탈모의 요인

4. 탈모증의 메디컬 치료

Memo

3. 학습정리 Point!

1. 탈모의 종류를 분류하고 설명 하세요.

2. 탈모의 원인에 대해서 정리 하세요.

Memo

Chapter 5 두피 · 모발관리

1. 두피·모발관리 학습정리
2. 두피·모발관리 학습평가
3. 학습정리 Point!

Chapter 4

두피 · 모발관리

1. 두피·모발관리 학습정리

1. 두피·모발관리의 개념

두피의 건강과 모발의 생성을 방해하는 이물질, 피지, 땀, 약재 등을 제거, 샴푸, 두피 스케일링, 트리트먼트, 기기를 활용하여 두피, 모발에 영양을 공급해주어 두피 건강뿐만 아니라 모발성장을 원활히 하도록 도와주는 관리

2. 두피의 유형에 따른 관리

두피 유형	특징	관리방법
중성 두피	• 두피 전체가 촉촉함 • 청백색의 우유빛으로 투명 • 정상적인 각화과정이 이루어짐 • 모공이 불순물 없이 깨끗함 • 모낭에 2~3개의 모발이 있음	• 피지 및 더러움 제거 • 혈행 촉진
건성 두피	• 각질이 쌓여있음 • 가려움 및 염증 발생이 쉬움 • 각화된 각질이 모공을 막고 있음 • 유, 수분공급이 원활이 이루어지지 않은 상태	• 각질 제거 • 막힌 모공의 세척 • 혈행 촉진
지성 두피	• 과도한 피지 분비 • 피지 산화물이 누적 • 두피톤은 황색 • 모공 안과 밖에 피지가 번들거림 • 지루성 염증을 유발하기 쉬움	• 피지 응고물 제거 • 막힌 모공의 세척 • 피지 분비 조절

두피 유형	특징	관리방법
예민성 두피	• 따갑고 발열 증상 • 두피톤이 전제적으로 붉음 • 부분적 홍반, 모세혈관 확장 • 약한 자극에도 민감하게 반응	• 민감 요인 제거 • 스트레스 환경개선 • 두피진정, 보호제품 사용
지루성 두피	• 과도한 피지 분비 • 홍반과 각질을 동반 • 염증 동반, 모세혈관 출혈 • 외관상 예민성두피와 지성두피의 혼합형	• 자극 요인 제거 • 피지선의 정상화 • 병원치료(심한 경우)
비듬성 두피	• 건성비듬, 지성비듬 • 가려움, 염증, 악취를 동반 • 비듬 효모균의 이상 증식(10~20배) • 모공이 막혀 있고 두꺼운 노화각질이 쌓여 있음	• 항비듬 제품 사용 • 스케일링 • 수분과 영양공급

3. 두피질환

① 두부백선 : 피부사상균에 의한 피부감염에 의해 발생하는 것, 회백색 인설 형태

② 두부건선 : 연쇄구균 감염과 스트레스에 의해 발생, 반점과 회백색 비늘층 형성

③ 지루성 피부염 : 과도한 피지분비, 염증, 모세혈관 출혈 증상

④ 아토피성 피부염 : 두피의 아토피 피부염 증상

4. 두피·모발관리 과정

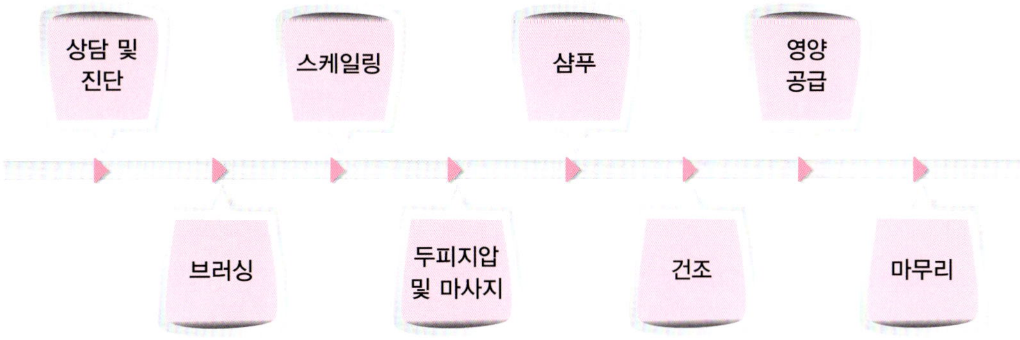

Memo

2. 두피·모발관리 학습평가

1. 두피·모발관리의 개념

2. 두피의 유형에 따른 관리

두피유형	특징	관리방법
중성 두피		
건성 두피		
지성 두피		
예민성 두피		
지루성 두피		

두피유형	특징	관리방법
비듬성 두피		

3. 두피질환

①

②

③

④

4. 두피·모발관리 과정

3. 학습정리 Point!

1. 두피의 유형을 분류하고 특징을 정리 하세요.

2. 각 유형별 관리 방법을 정리하세요.

Memo

Chapter 6

Chapter 6 트리콜로지 실습 1

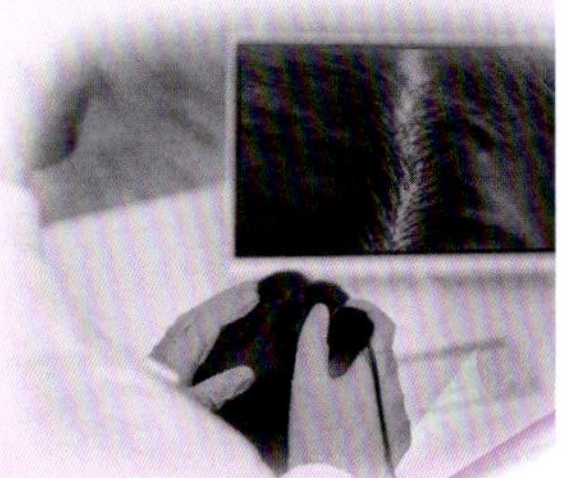

담당자 :

1. 고객 정보		
① 고객이름		비고
② 고객연락처		
③ 생년월일		나이:
④ 직업		
⑤ E-mail		
⑥ 주소		

2. 고객 생활 습관			
① 샴푸 횟수(아침, 저녁)	□ 아침 □ 저녁	⑤ 수면 상태 (취침 시간, 숙면 여부)	,
② 다이어트(Y/N)	□ Y □ N	⑥ 운동(Y/N)	□ Y □ N
③ 흡연(Y/N)	□ Y □ N	⑦ 건강상태(약복용)(Y/N)	□ Y □ N
④ 음주(Y/N)	□ Y □ N	⑧ 스트레스 강도	□ 상 □ 중 □ 하

3. 샴푸습관	
① 샴푸종류	
② 샴푸횟수	
③ 모발 건조 습관	□ 완전히 건조 □ 적당히 건조 □ 뿌리만 건조 □ 건조하지 않음

4. 헤어제품 사용 및 두피 관리 경험	
① 스타일링제, 헤어제품	
② 탈모제품 사용	☐ Y ☐ N
③ 두피관리 경험	☐ Y ☐ N

5. 두피 진단 정보(문진, 사진)	
① 두피 타입	☐ 지성 ☐ 건성 ☐ 예민성 ☐ 혼합형
② 피지 분포	☐ 많음 ☐ 보통 ☐ 적음
③ 두피상태(두피칼라)	☐ W ☐ R ☐ Y
④ 비듬	☐ 유 ☐ 무
⑤ 염증	☐ 유 ☐ 무
⑥ 두피 냄새	☐ 심함 ☐ 적절 ☐ 없음
⑦ 두피 온도	☐ 높다 ☐ 적절 ☐ 낮다
⑧ 탈모증	☐ 유 ☐ 무
⑨ 유전 여부	☐ 유 ☐ 무

6. 부위별 문제점(두피, 탈모, 두상 및 경추 경직 상태)

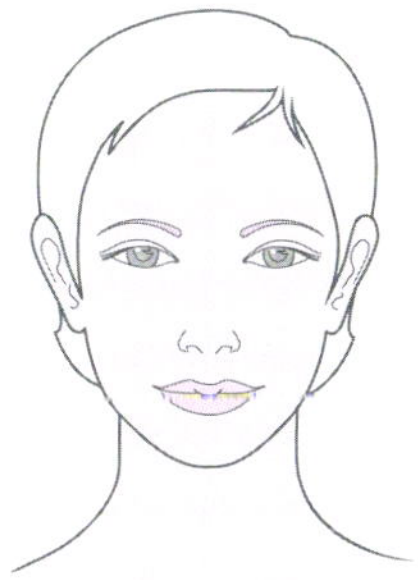
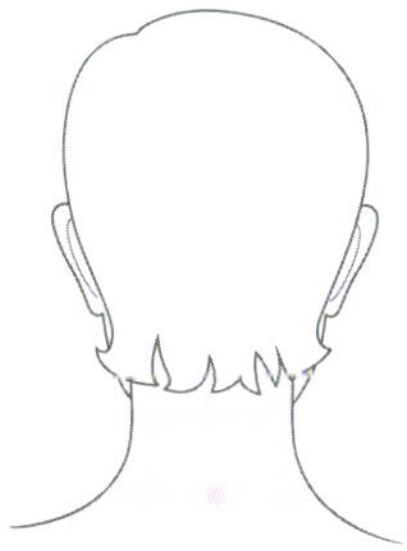
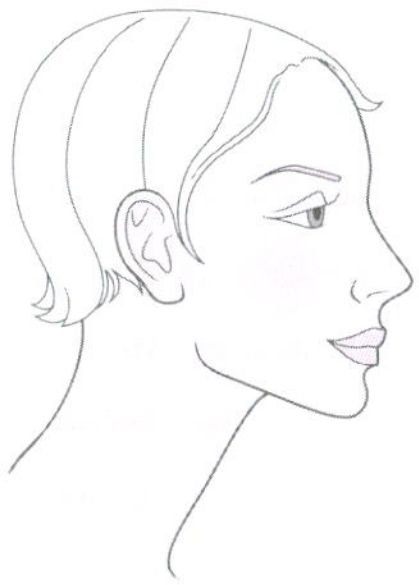
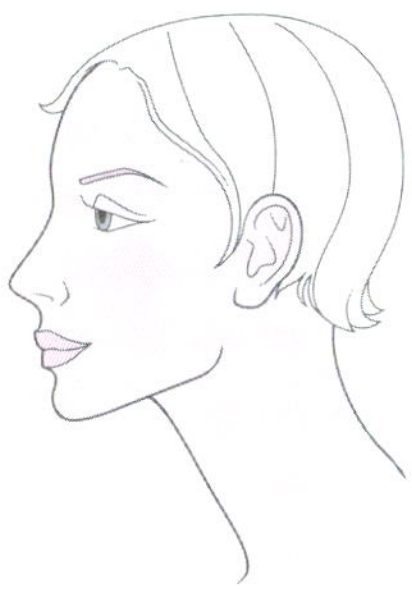

7. 두피 상태(사진)

8. 관리 프로그램(관리 순서, 사용기기)

9. 홈 케어 상담 및 생활습관 조언

10. 고객 소감

Chapter 6

트리콜로지 실습 2

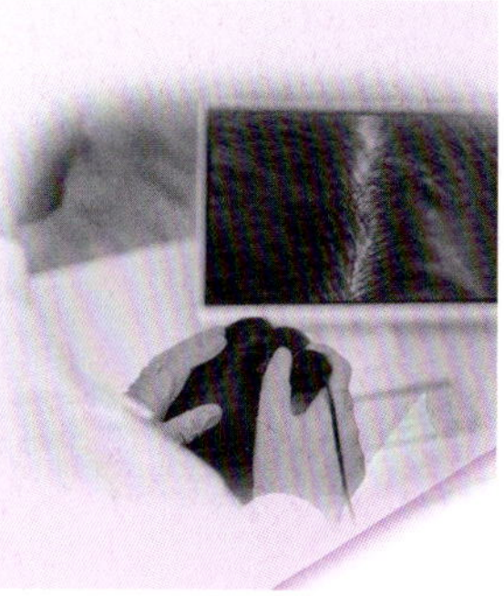

담당자 :

<table>
<tr><th colspan="4">1. 고객 정보</th></tr>
<tr><td>① 고객이름</td><td colspan="2"></td><td>비고</td></tr>
<tr><td>② 고객연락처</td><td colspan="2"></td><td></td></tr>
<tr><td>③ 생년월일</td><td colspan="2"></td><td>나이:</td></tr>
<tr><td>④ 직업</td><td colspan="2"></td><td></td></tr>
<tr><td>⑤ E−mail</td><td colspan="2"></td><td></td></tr>
<tr><td>⑥ 주소</td><td colspan="2"></td><td></td></tr>
<tr><th colspan="4">2. 고객 생활 습관</th></tr>
<tr><td>① 샴푸 횟수(아침, 저녁)</td><td>□ 아침 □ 저녁</td><td>⑤ 수면 상태
(취침 시간, 숙면 여부)</td><td>,</td></tr>
<tr><td>② 다이어트(Y/N)</td><td>□ Y □ N</td><td>⑥ 운동(Y/N)</td><td>□ Y □ N</td></tr>
<tr><td>③ 흡연(Y/N)</td><td>□ Y □ N</td><td>⑦ 건강상태(약복용)(Y/N)</td><td>□ Y □ N</td></tr>
<tr><td>④ 음주(Y/N)</td><td>□ Y □ N</td><td>⑧ 스트레스 강도</td><td>□ 상 □ 중 □ 하</td></tr>
<tr><th colspan="4">3. 샴푸습관</th></tr>
<tr><td>① 샴푸종류</td><td colspan="3"></td></tr>
<tr><td>② 샴푸횟수</td><td colspan="3"></td></tr>
<tr><td>③ 모발 건조 습관</td><td colspan="3">□ 완전히 건조 □ 적당히 건조 □ 뿌리만 건조 □ 건조하지 않음</td></tr>
</table>

4. 헤어제품 사용 및 두피 관리 경험	
① 스타일링제, 헤어제품	
② 탈모제품 사용	☐ Y ☐ N
③ 두피관리 경험	☐ Y ☐ N

5. 두피 진단 정보(문진, 사진)	
① 두피 타입	☐ 지성 ☐ 건성 ☐ 예민성 ☐ 혼합형
② 피지 분포	☐ 많음 ☐ 보통 ☐ 적음
③ 두피상태(두피칼라)	☐ W ☐ R ☐ Y
④ 비듬	☐ 유 ☐ 무
⑤ 염증	☐ 유 ☐ 무
⑥ 두피 냄새	☐ 심함 ☐ 적절 ☐ 없음
⑦ 두피 온도	☐ 높다 ☐ 적절 ☐ 낮다
⑧ 탈모증	☐ 유 ☐ 무
⑨ 유전 여부	☐ 유 ☐ 무

6. 부위별 문제점(두피, 탈모, 두상 및 경추 경직 상태)

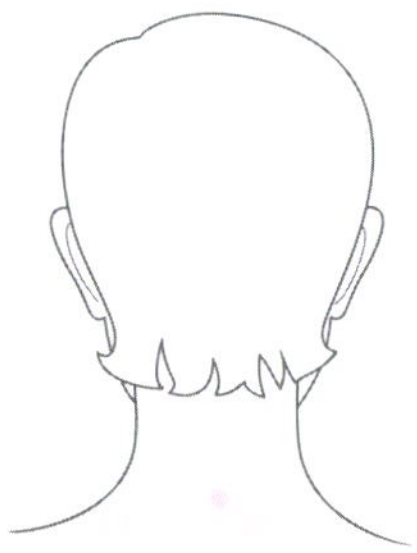

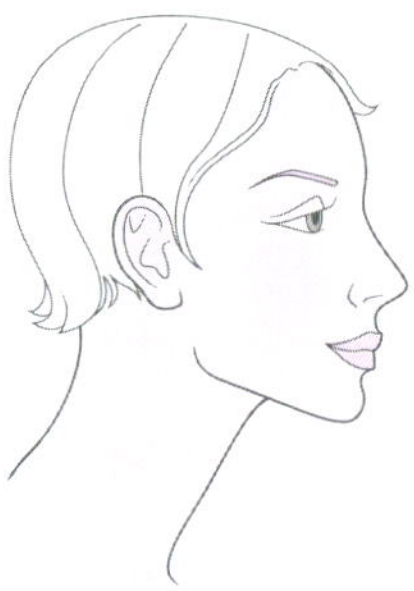

7. 두피 상태(사진)

8. 관리 프로그램(관리 순서, 사용기기)

9. 홈 케어 상담 및 생활습관 조언

10. 고객 소감

Chapter 6

트리콜로지 실습 3

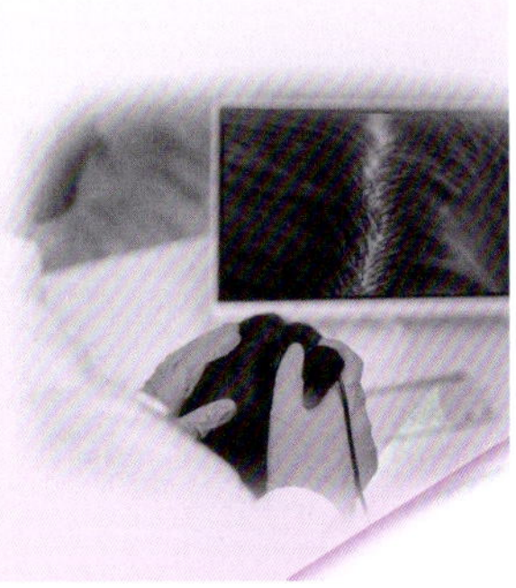

담당자 :

1. 고객 정보		
① 고객이름		비고
② 고객연락처		
③ 생년월일		나이:
④ 직업		
⑤ E-mail		
⑥ 주소		

2. 고객 생활 습관			
① 샴푸 횟수(아침, 저녁)	□ 아침 □ 저녁	⑤ 수면 상태 (취침 시간, 숙면 여부)	,
② 다이어트(Y/N)	□ Y □ N	⑥ 운동(Y/N)	□ Y □ N
③ 흡연(Y/N)	□ Y □ N	⑦ 건강상태(약복용)(Y/N)	□ Y □ N
④ 음주(Y/N)	□ Y □ N	⑧ 스트레스 강도	□ 상 □ 중 □ 하

3. 샴푸습관	
① 샴푸종류	
② 샴푸횟수	
③ 모발 건조 습관	□ 완전히 건조 □ 적당히 건조 □ 뿌리만 건조 □ 건조하지 않음

4. 헤어제품 사용 및 두피 관리 경험	
① 스타일링제, 헤어제품	
② 탈모제품 사용	☐ Y ☐ N
③ 두피관리 경험	☐ Y ☐ N

5. 두피 진단 정보(문진, 사진)	
① 두피 타입	☐ 지성 ☐ 건성 ☐ 예민성 ☐ 혼합형
② 피지 분포	☐ 많음 ☐ 보통 ☐ 적음
③ 두피상태(두피칼라)	☐ W ☐ R ☐ Y
④ 비듬	☐ 유 ☐ 무
⑤ 염증	☐ 유 ☐ 무
⑥ 두피 냄새	☐ 심함 ☐ 적절 ☐ 없음
⑦ 두피 온도	☐ 높다 ☐ 적절 ☐ 낮다
⑧ 탈모증	☐ 유 ☐ 무
⑨ 유전 여부	☐ 유 ☐ 무

6. 부위별 문제점(두피, 탈모, 두상 및 경추 경직 상태)

7. 두피 상태(사진)

8. 관리 프로그램(관리 순서, 사용기기)

9. 홈 케어 상담 및 생활습관 조언

10. 고객 소감

Chapter 6

트리콜로지 실습 4

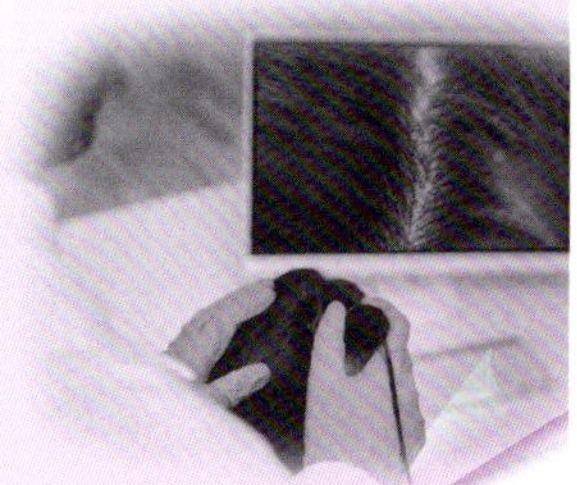

담당자 :

1. 고객 정보		
① 고객이름		비고
② 고객연락처		
③ 생년월일		나이:
④ 직업		
⑤ E−mail		
⑥ 주소		

2. 고객 생활 습관			
① 샴푸 횟수(아침, 저녁)	☐ 아침 ☐ 저녁	⑤ 수면 상태 (취침 시간, 숙면 여부)	
② 다이어트(Y/N)	☐ Y ☐ N	⑥ 운동(Y/N)	☐ Y ☐ N
③ 흡연(Y/N)	☐ Y ☐ N	⑦ 건강상태(약복용)(Y/N)	☐ Y ☐ N
④ 음주(Y/N)	☐ Y ☐ N	⑧ 스트레스 강도	☐ 상 ☐ 중 ☐ 하

3. 샴푸습관	
① 샴푸종류	
② 샴푸횟수	
③ 모발 건조 습관	☐ 완전히 건조 ☐ 적당히 건조 ☐ 뿌리만 건조 ☐ 건조하지 않음

4. 헤어제품 사용 및 두피 관리 경험	
① 스타일링제, 헤어제품	
② 탈모제품 사용	☐ Y ☐ N
③ 두피관리 경험	☐ Y ☐ N

5. 두피 진단 정보(문진, 사진)	
① 두피 타입	☐ 지성 ☐ 건성 ☐ 예민성 ☐ 혼합형
② 피지 분포	☐ 많음 ☐ 보통 ☐ 적음
③ 두피상태(두피칼라)	☐ W ☐ R ☐ Y
④ 비듬	☐ 유 ☐ 무
⑤ 염증	☐ 유 ☐ 무
⑥ 두피 냄새	☐ 심함 ☐ 적절 ☐ 없음
⑦ 두피 온도	☐ 높다 ☐ 적절 ☐ 낮다
⑧ 탈모증	☐ 유 ☐ 무
⑨ 유전 여부	☐ 유 ☐ 무

6. 부위별 문제점(두피, 탈모, 두상 및 경추 경직 상태)	
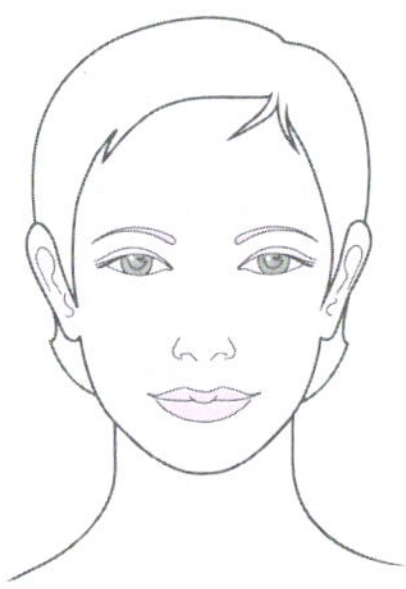	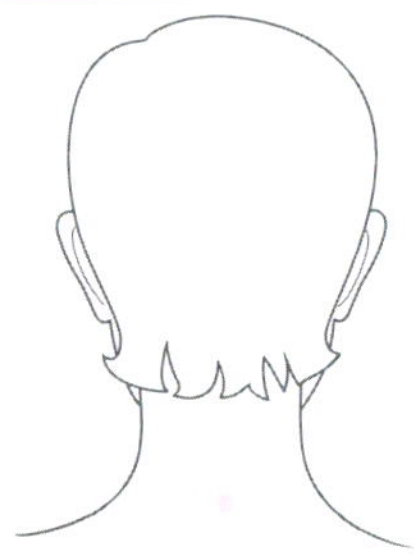
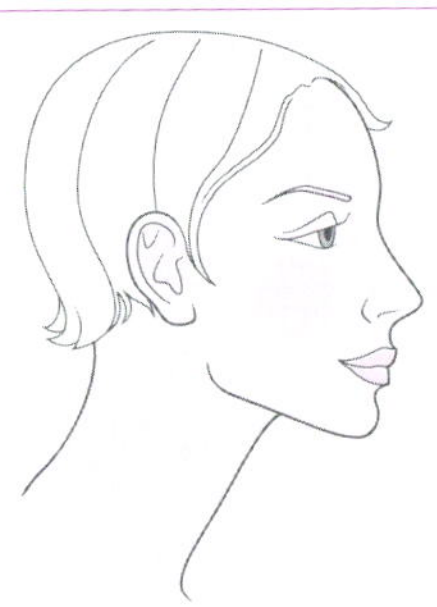	

7. 두피 상태(사진)

8. 관리 프로그램(관리 순서, 사용기기)

9. 홈 케어 상담 및 생활습관 조언

10. 고객 소감

Chapter 6

트리콜로지 실습 5

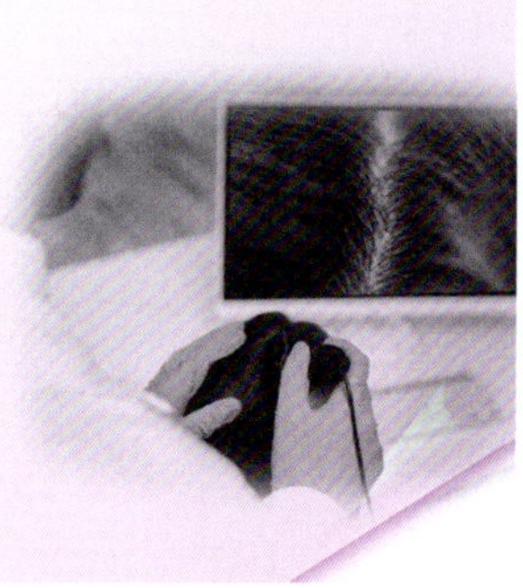

담당자 :

1. 고객 정보		
① 고객이름		비고
② 고객연락처		
③ 생년월일		나이:
④ 직업		
⑤ E-mail		
⑥ 주소		

2. 고객 생활 습관			
① 샴푸 횟수(아침, 저녁)	☐ 아침 ☐ 저녁	⑤ 수면 상태 (취침 시간, 숙면 여부)	______ , ______
② 다이어트(Y/N)	☐ Y ☐ N	⑥ 운동(Y/N)	☐ Y ☐ N
③ 흡연(Y/N)	☐ Y ☐ N	⑦ 건강상태(약복용)(Y/N)	☐ Y ☐ N
④ 음주(Y/N)	☐ Y ☐ N	⑧ 스트레스 강도	☐ 상 ☐ 중 ☐ 하

3. 샴푸습관	
① 샴푸종류	
② 샴푸횟수	
③ 모발 건조 습관	☐ 완전히 건조 ☐ 적당히 건조 ☐ 뿌리만 건조 ☐ 건조하지 않음

4. 헤어제품 사용 및 두피 관리 경험	
① 스타일링제, 헤어제품	
② 탈모제품 사용	□ Y □ N
③ 두피관리 경험	□ Y □ N

5. 두피 진단 정보(문진, 사진)	
① 두피 타입	□ 지성 □ 건성 □ 예민성 □ 혼합형
② 피지 분포	□ 많음 □ 보통 □ 적음
③ 두피상태(두피칼라)	□ W □ R □ Y
④ 비듬	□ 유 □ 무
⑤ 염증	□ 유 □ 무
⑥ 두피 냄새	□ 심함 □ 적절 □ 없음
⑦ 두피 온도	□ 높다 □ 적절 □ 낮다
⑧ 탈모증	□ 유 □ 무
⑨ 유전 여부	□ 유 □ 무

6. 부위별 문제점(두피, 탈모, 두상 및 경추 경직 상태)	
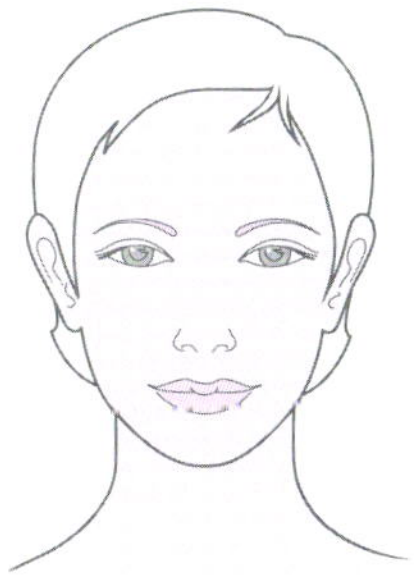	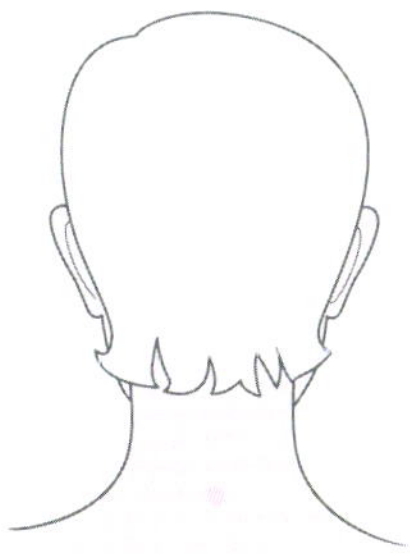
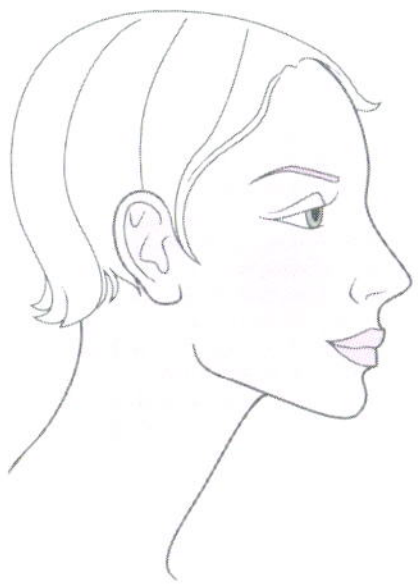	

7. 두피 상태(사진)

8. 관리 프로그램(관리 순서, 사용기기)

9. 홈 케어 상담 및 생활습관 조언

10. 고객 소감

Chapter 6

트리콜로지 실습 6

담당자 :

1. 고객 정보		
① 고객이름		비고
② 고객연락치		
③ 생년월일		나이:
④ 직업		
⑤ E-mail		
⑥ 주소		

2. 고객 생활 습관			
① 샴푸 횟수(아침, 저녁)	□ 아침 □ 저녁	⑤ 수면 상태 (취침 시간, 숙면 여부)	
② 다이어트(Y/N)	□ Y □ N	⑥ 운동(Y/N)	□ Y □ N
③ 흡연(Y/N)	□ Y □ N	⑦ 건강상태(약복용)(Y/N)	□ Y □ N
④ 음주(Y/N)	□ Y □ N	⑧ 스트레스 강도	□ 상 □ 중 □ 하

3. 샴푸습관	
① 샴푸종류	
② 샴푸횟수	
③ 모발 건조 습관	□ 완전히 건조 □ 적당히 건조 □ 뿌리만 건조 □ 건조하지 않음

4. 헤어제품 사용 및 두피 관리 경험				
① 스타일링제, 헤어제품				
② 탈모제품 사용	☐ Y	☐ N		
③ 두피관리 경험	☐ Y	☐ N		
5. 두피 진단 정보(문진, 사진)				
① 두피 타입	☐ 지성	☐ 건성	☐ 예민성	☐ 혼합형
② 피지 분포	☐ 많음	☐ 보통	☐ 적음	
③ 두피상태(두피칼라)	☐ W	☐ R	☐ Y	
④ 비듬	☐ 유	☐ 무		
⑤ 염증	☐ 유	☐ 무		
⑥ 두피 냄새	☐ 심함	☐ 적절	☐ 없음	
⑦ 두피 온도	☐ 높다	☐ 적절	☐ 낮다	
⑧ 탈모증	☐ 유	☐ 무		
⑨ 유전 여부	☐ 유	☐ 무		
6. 부위별 문제점(두피, 탈모, 두상 및 경추 경직 상태)				
	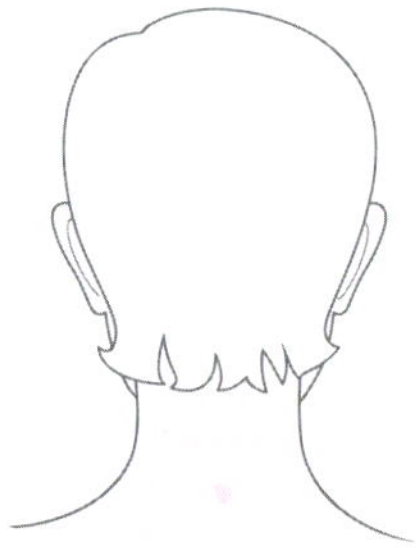			
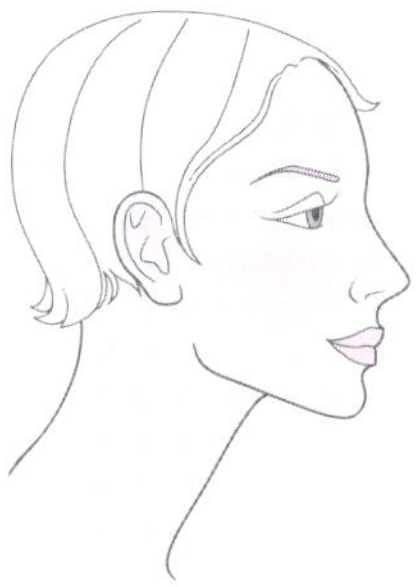	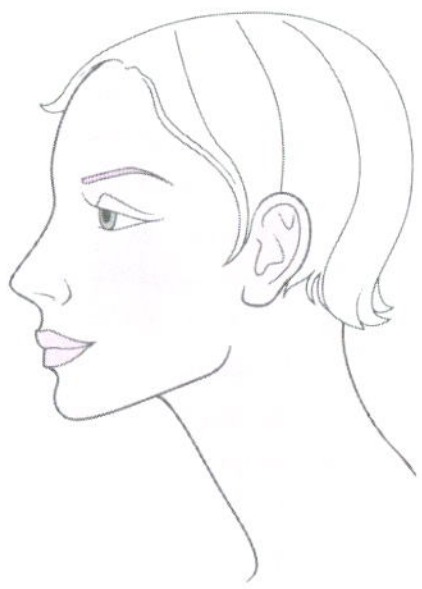			

7. 두피 상태(사진)

8. 관리 프로그램(관리 순서, 사용기기)

9. 홈 케어 상담 및 생활습관 조언

10. 고객 소감

Chapter 6

트리콜로지 실습 7

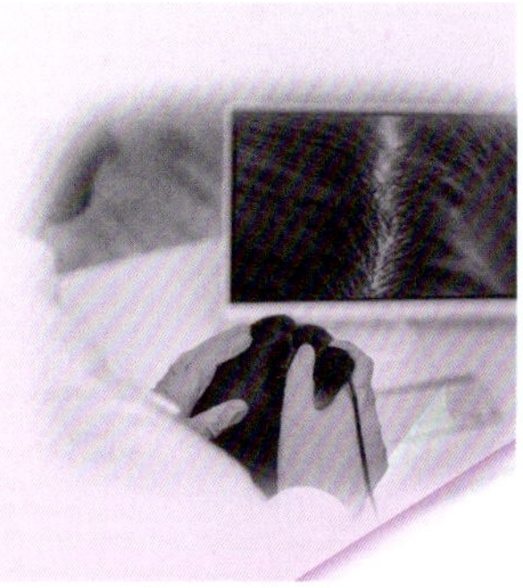

담당자 :

1. 고객 정보		
① 고객이름		비고
② 고객연락처		
③ 생년월일		나이:
④ 직업		
⑤ E-mail		
⑥ 주소		

2. 고객 생활 습관			
① 샴푸 횟수(아침, 저녁)	□ 아침 □ 저녁	⑤ 수면 상태 (취침 시간, 숙면 여부)	,
② 다이어트(Y/N)	□ Y □ N	⑥ 운동(Y/N)	□ Y □ N
③ 흡연(Y/N)	□ Y □ N	⑦ 건강상태(약복용)(Y/N)	□ Y □ N
④ 음주(Y/N)	□ Y □ N	⑧ 스트레스 강도	□ 상 □ 중 □ 하

3. 샴푸습관	
① 샴푸종류	
② 샴푸횟수	
③ 모발 건조 습관	□ 완전히 건조 □ 적당히 건조 □ 뿌리만 건조 □ 건조하지 않음

4. 헤어제품 사용 및 두피 관리 경험	
① 스타일링제, 헤어제품	
② 탈모제품 사용	☐ Y ☐ N
③ 두피관리 경험	☐ Y ☐ N
5. 두피 진단 정보(문진, 사진)	
① 두피 타입	☐ 지성 ☐ 건성 ☐ 예민성 ☐ 혼합형
② 피지 분포	☐ 많음 ☐ 보통 ☐ 적음
③ 두피상태(두피칼라)	☐ W ☐ R ☐ Y
④ 비듬	☐ 유 ☐ 무
⑤ 염증	☐ 유 ☐ 무
⑥ 두피 냄새	☐ 심함 ☐ 적절 ☐ 없음
⑦ 두피 온도	☐ 높다 ☐ 적절 ☐ 낮다
⑧ 탈모증	☐ 유 ☐ 무
⑨ 유전 여부	☐ 유 ☐ 무

6. 부위별 문제점(두피, 탈모, 두상 및 경추 경직 상태)

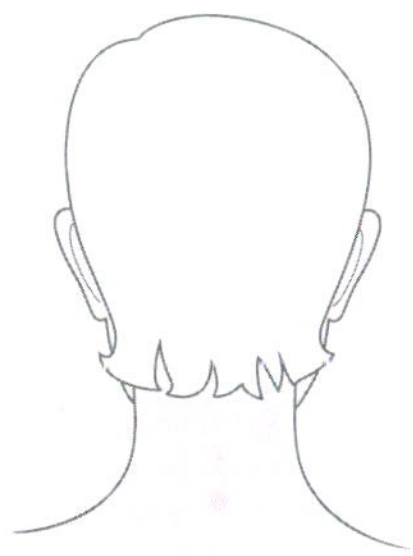

7. 두피 상태(사진)

8. 관리 프로그램(관리 순서, 사용기기)

9. 홈 케어 상담 및 생활습관 조언

10. 고객 소감

Chapter 6

트리콜로지 실습 8

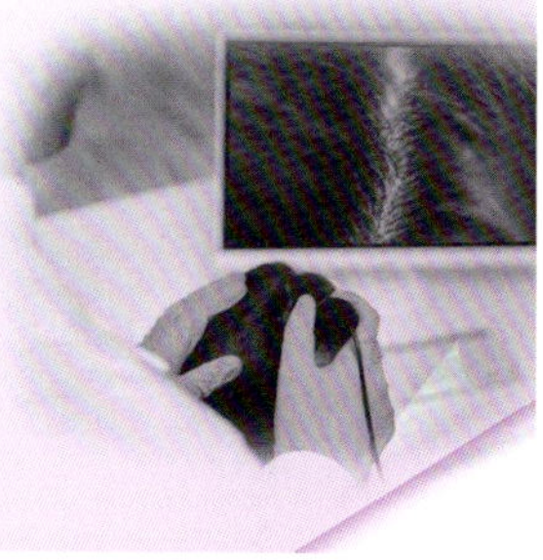

담당자 :

1. 고객 정보			
① 고객이름			비고
② 고객연락치			
③ 생년월일			나이:
④ 직업			
⑤ E−mail			
⑥ 주소			
2. 고객 생활 습관			
① 샴푸 횟수(아침, 저녁)	□ 아침 □ 저녁	⑤ 수면 상태 (취침 시간, 숙면 여부)	
② 다이어트(Y/N)	□ Y □ N	⑥ 운동(Y/N)	□ Y □ N
③ 흡연(Y/N)	□ Y □ N	⑦ 건강상태(약복용)(Y/N)	□ Y □ N
④ 음주(Y/N)	□ Y □ N	⑧ 스트레스 강도	□ 상 □ 중 □ 하
3. 샴푸습관			
① 샴푸종류			
② 샴푸횟수			
③ 모발 건조 습관	□ 완전히 건조 □ 적당히 건조 □ 뿌리만 건조 □ 건조하지 않음		

4. 헤어제품 사용 및 두피 관리 경험	
① 스타일링제, 헤어제품	
② 탈모제품 사용	□ Y □ N
③ 두피관리 경험	□ Y □ N

5. 두피 진단 정보(문진, 사진)	
① 두피 타입	□ 지성 □ 건성 □ 예민성 □ 혼합형
② 피지 분포	□ 많음 □ 보통 □ 적음
③ 두피상태(두피칼라)	□ W □ R □ Y
④ 비듬	□ 유 □ 무
⑤ 염증	□ 유 □ 무
⑥ 두피 냄새	□ 심함 □ 적절 □ 없음
⑦ 두피 온도	□ 높다 □ 적절 □ 낮다
⑧ 탈모증	□ 유 □ 무
⑨ 유전 여부	□ 유 □ 무

6. 부위별 문제점(두피, 탈모, 두상 및 경추 경직 상태)

7. 두피 상태(사진)

8. 관리 프로그램(관리 순서, 사용기기)

9. 홈 케어 상담 및 생활습관 조언

10. 고객 소감

Chapter 6

트리콜로지 실습 9

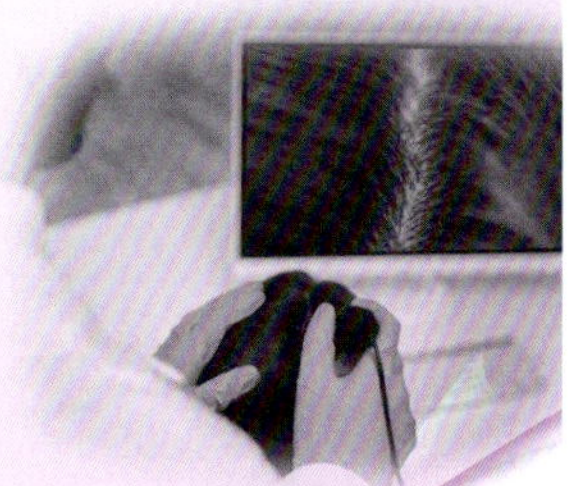

담당자 :

1. 고객 정보		
① 고객이름		비고
② 고객연락처		
③ 생년월일		나이:
④ 직업		
⑤ E-mail		
⑥ 주소		

2. 고객 생활 습관			
① 샴푸 횟수(아침, 저녁)	□ 아침 □ 저녁	⑤ 수면 상태 (취침 시간, 숙면 여부)	,
② 다이어트(Y/N)	□ Y □ N	⑥ 운동(Y/N)	□ Y □ N
③ 흡연(Y/N)	□ Y □ N	⑦ 건강상태(약복용)(Y/N)	□ Y □ N
④ 음주(Y/N)	□ Y □ N	⑧ 스트레스 강도	□ 상 □ 중 □ 하

3. 샴푸습관	
① 샴푸종류	
② 샴푸횟수	
③ 모발 건조 습관	□ 완전히 건조 □ 적당히 건조 □ 뿌리만 건조 □ 건조하지 않음

4. 헤어제품 사용 및 두피 관리 경험				
① 스타일링제, 헤어제품				
② 탈모제품 사용	□ Y	□ N		
③ 두피관리 경험	□ Y	□ N		
5. 두피 진단 정보(문진, 사진)				
① 두피 타입	□ 지성	□ 건성	□ 예민성	□ 혼합형
② 피지 분포	□ 많음	□ 보통	□ 적음	
③ 두피상태(두피칼라)	□ W	□ R	□ Y	
④ 비듬	□ 유	□ 무		
⑤ 염증	□ 유	□ 무		
⑥ 두피 냄새	□ 심함	□ 적절	□ 없음	
⑦ 두피 온도	□ 높다	□ 적절	□ 낮다	
⑧ 탈모증	□ 유	□ 무		
⑨ 유전 여부	□ 유	□ 무		

6. 부위별 문제점(두피, 탈모, 두상 및 경추 경직 상태)

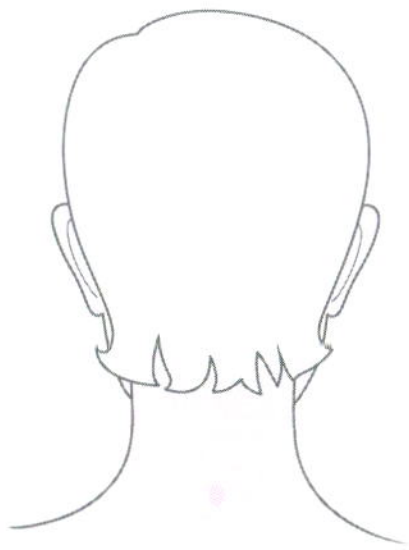

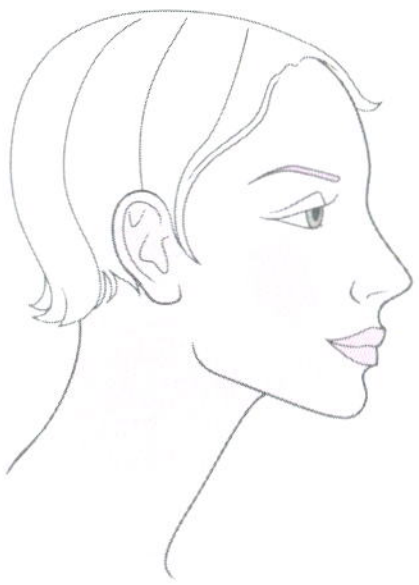

7. 두피 상태(사진)

8. 관리 프로그램(관리 순서, 사용기기)

9. 홈 케어 상담 및 생활습관 조언

10. 고객 소감

Chapter 6

트리콜로지 실습 10

담당자 :

1. 고객 정보		
① 고객이름		비고
② 고객연락처		
③ 생년월일		나이:
④ 직업		
⑤ E-mail		
⑥ 주소		

2. 고객 생활 습관			
① 샴푸 횟수(아침, 저녁)	□ 아침 □ 저녁	⑤ 수면 상태 (취침 시간, 숙면 여부)	,
② 다이어트(Y/N)	□ Y □ N	⑥ 운동(Y/N)	□ Y □ N
③ 흡연(Y/N)	□ Y □ N	⑦ 건강상태(약복용)(Y/N)	□ Y □ N
④ 음주(Y/N)	□ Y □ N	⑧ 스트레스 강도	□ 상 □ 중 □ 하

3. 샴푸습관	
① 샴푸종류	
② 샴푸횟수	
③ 모발 건조 습관	□ 완전히 건조 □ 적당히 건조 □ 뿌리만 건조 □ 건조하지 않음

4. 헤어제품 사용 및 두피 관리 경험				
① 스타일링제, 헤어제품				
② 탈모제품 사용	□ Y	□ N		
③ 두피관리 경험	□ Y	□ N		
5. 두피 진단 정보(문진, 사진)				
① 두피 타입	□ 지성	□ 건성	□ 예민성	□ 혼합형
② 피지 분포	□ 많음	□ 보통	□ 적음	
③ 두피상태(두피칼라)	□ W	□ R	□ Y	
④ 비듬	□ 유	□ 무		
⑤ 염증	□ 유	□ 무		
⑥ 두피 냄새	□ 심함	□ 적절	□ 없음	
⑦ 두피 온도	□ 높다	□ 적절	□ 낮다	
⑧ 탈모증	□ 유	□ 무		
⑨ 유전 여부	□ 유	□ 무		

6. 부위별 문제점(두피, 탈모, 두상 및 경추 경직 상태)	
	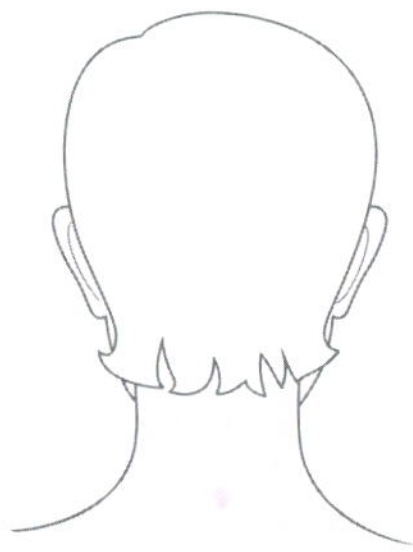
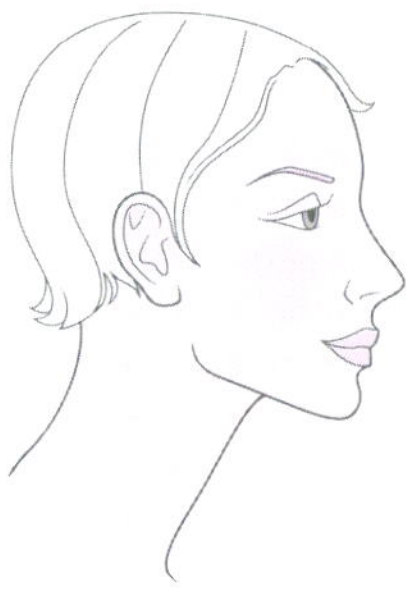	

7. 두피 상태(사진)

8. 관리 프로그램(관리 순서, 사용기기)

9. 홈 케어 상담 및 생활습관 조언

10. 고객 소감

Chapter 6

트리콜로지 실습 11

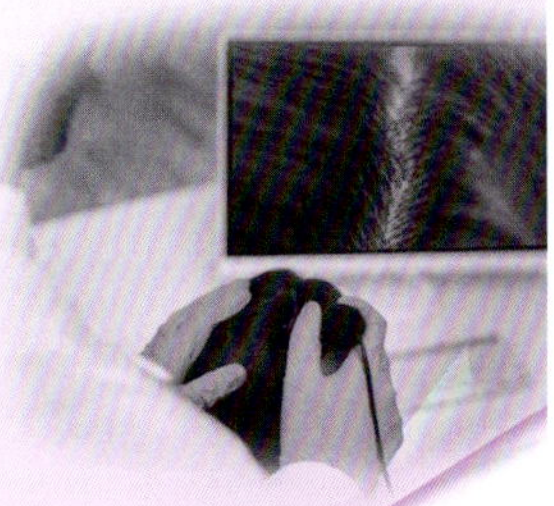

담당자 :

1. 고객 정보		
① 고객이름		비고
② 고객연락처		
③ 생년월일		나이:
④ 직업		
⑤ E-mail		
⑥ 주소		

2. 고객 생활 습관			
① 샴푸 횟수(아침, 저녁)	□ 아침 □ 저녁	⑤ 수면 상태 (취침 시간, 숙면 여부)	,
② 다이어트(Y/N)	□ Y □ N	⑥ 운동(Y/N)	□ Y □ N
③ 흡연(Y/N)	□ Y □ N	⑦ 건강상태(약복용)(Y/N)	□ Y □ N
④ 음주(Y/N)	□ Y □ N	⑧ 스트레스 강도	□ 상 □ 중 □ 하

3. 샴푸습관	
① 샴푸종류	
② 샴푸횟수	
③ 모발 건조 습관	□ 완전히 건조 □ 적당히 건조 □ 뿌리만 건조 □ 건조하지 않음

4. 헤어제품 사용 및 두피 관리 경험	
① 스타일링제, 헤어제품	
② 탈모제품 사용	□ Y □ N
③ 두피관리 경험	□ Y □ N

5. 두피 진단 정보(문진, 사진)	
① 두피 타입	□ 지성 □ 건성 □ 예민성 □ 혼합형
② 피지 분포	□ 많음 □ 보통 □ 적음
③ 두피상태(두피칼라)	□ W □ R □ Y
④ 비듬	□ 유 □ 무
⑤ 염증	□ 유 □ 무
⑥ 두피 냄새	□ 심함 □ 적절 □ 없음
⑦ 두피 온도	□ 높다 □ 적절 □ 낮다
⑧ 탈모증	□ 유 □ 무
⑨ 유전 여부	□ 유 □ 무

6. 부위별 문제점(두피, 탈모, 두상 및 경추 경직 상태)

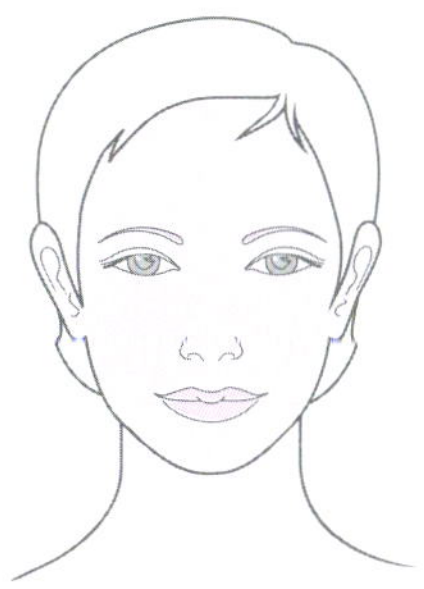

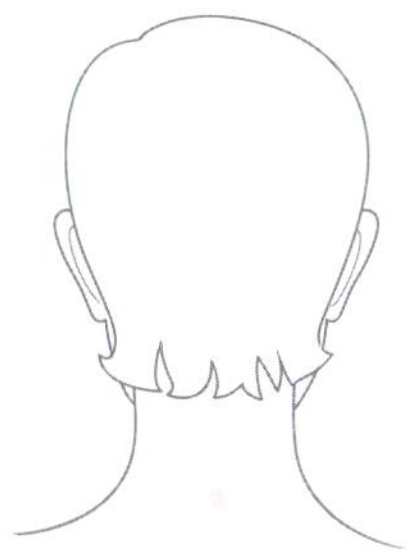

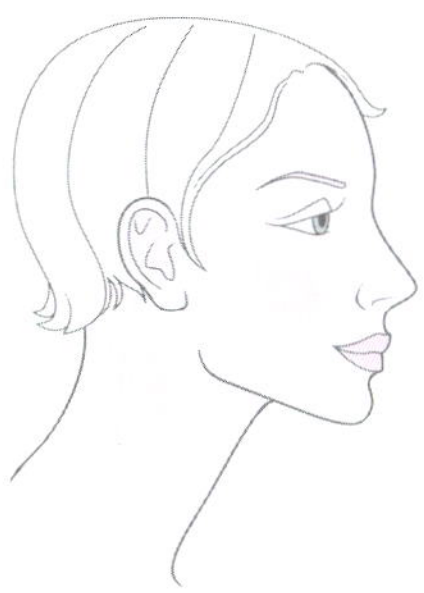

7. 두피 상태(사진)

8. 관리 프로그램(관리 순서, 사용기기)

9. 홈 케어 상담 및 생활습관 조언

10. 고객 소감

Chapter 6

트리콜로지 실습 12

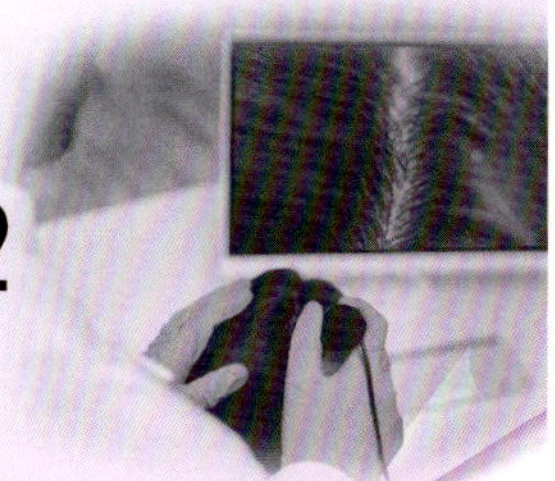

담당자 :

1. 고객 정보			
① 고객이름			비고
② 고객연락처			
③ 생년월일			나이:
④ 직업			
⑤ E-mail			
⑥ 주소			
2. 고객 생활 습관			
① 샴푸 횟수(아침, 저녁)	□ 아침 □ 저녁	⑤ 수면 상태 (취침 시간, 숙면 여부)	,
② 다이어트(Y/N)	□ Y □ N	⑥ 운동(Y/N)	□ Y □ N
③ 흡연(Y/N)	□ Y □ N	⑦ 건강상태(약복용)(Y/N)	□ Y □ N
④ 음주(Y/N)	□ Y □ N	⑧ 스트레스 강도	□ 상 □ 중 □ 하
3. 샴푸습관			
① 샴푸종류			
② 샴푸횟수			
③ 모발 건조 습관	□ 완전히 건조 □ 적당히 건조 □ 뿌리만 건조 □ 건조하지 않음		

4. 헤어제품 사용 및 두피 관리 경험	
① 스타일링제, 헤어제품	
② 탈모제품 사용	□ Y　□ N
③ 두피관리 경험	□ Y　□ N

5. 두피 진단 정보(문진, 사진)	
① 두피 타입	□ 지성　□ 건성　□ 예민성　□ 혼합형
② 피지 분포	□ 많음　□ 보통　□ 적음
③ 두피상태(두피칼라)	□ W　□ R　□ Y
④ 비듬	□ 유　□ 무
⑤ 염증	□ 유　□ 무
⑥ 두피 냄새	□ 심함　□ 적절　□ 없음
⑦ 두피 온도	□ 높다　□ 적절　□ 낮다
⑧ 탈모증	□ 유　□ 무
⑨ 유전 여부	□ 유　□ 무

6. 부위별 문제점(두피, 탈모, 두상 및 경추 경직 상태)	
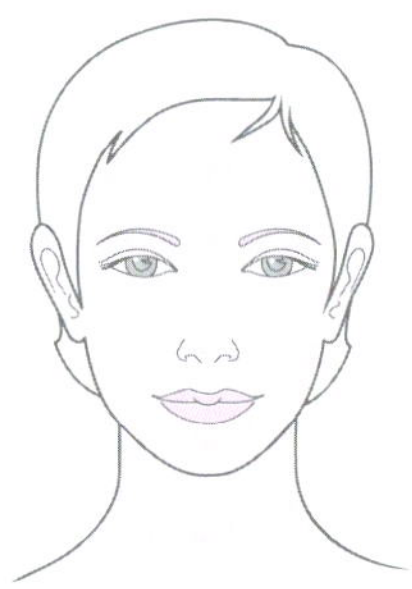	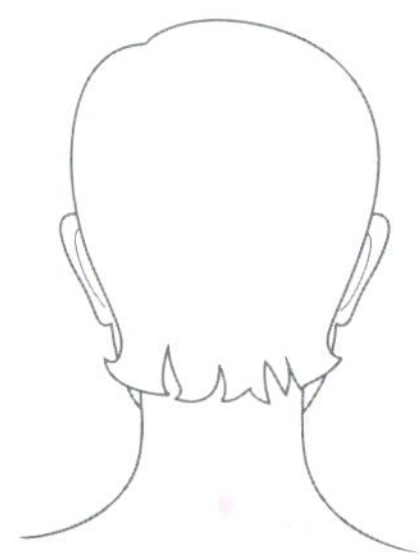

7. 두피 상태(사진)

8. 관리 프로그램(관리 순서, 사용기기)

9. 홈 케어 상담 및 생활습관 조언

10. 고객 소감

Chapter 6

트리콜로지 실습 13

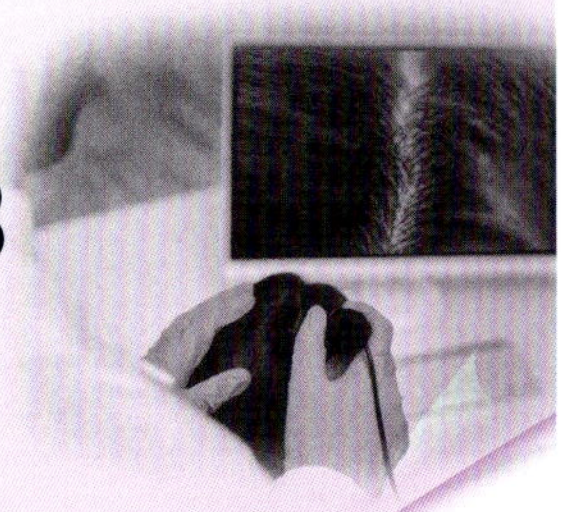

담당자 :

1. 고객 정보		
① 고객이름		비고
② 고객연락처		
③ 생년월일		나이:
④ 직업		
⑤ E-mail		
⑥ 주소		

2. 고객 생활 습관			
① 샴푸 횟수(아침, 저녁)	☐ 아침 ☐ 저녁	⑤ 수면 상태 (취침 시간, 숙면 여부)	______ , ______
② 다이어트(Y/N)	☐ Y ☐ N	⑥ 운동(Y/N)	☐ Y ☐ N
③ 흡연(Y/N)	☐ Y ☐ N	⑦ 건강상태(약복용)(Y/N)	☐ Y ☐ N
④ 음주(Y/N)	☐ Y ☐ N	⑧ 스트레스 강도	☐ 상 ☐ 중 ☐ 하

3. 샴푸습관	
① 샴푸종류	
② 샴푸횟수	
③ 모발 건조 습관	☐ 완전히 건조 ☐ 적당히 건조 ☐ 뿌리만 건조 ☐ 건조하지 않음

4. 헤어제품 사용 및 두피 관리 경험	
① 스타일링제, 헤어제품	
② 탈모제품 사용	□ Y □ N
③ 두피관리 경험	□ Y □ N

5. 두피 진단 정보(문진, 사진)	
① 두피 타입	□ 지성 □ 건성 □ 예민성 □ 혼합형
② 피지 분포	□ 많음 □ 보통 □ 적음
③ 두피상태(두피칼라)	□ W □ R □ Y
④ 비듬	□ 유 □ 무
⑤ 염증	□ 유 □ 무
⑥ 두피 냄새	□ 심함 □ 적절 □ 없음
⑦ 두피 온도	□ 높다 □ 적절 □ 낮다
⑧ 탈모증	□ 유 □ 무
⑨ 유전 여부	□ 유 □ 무

6. 부위별 문제점(두피, 탈모, 두상 및 경추 경직 상태)

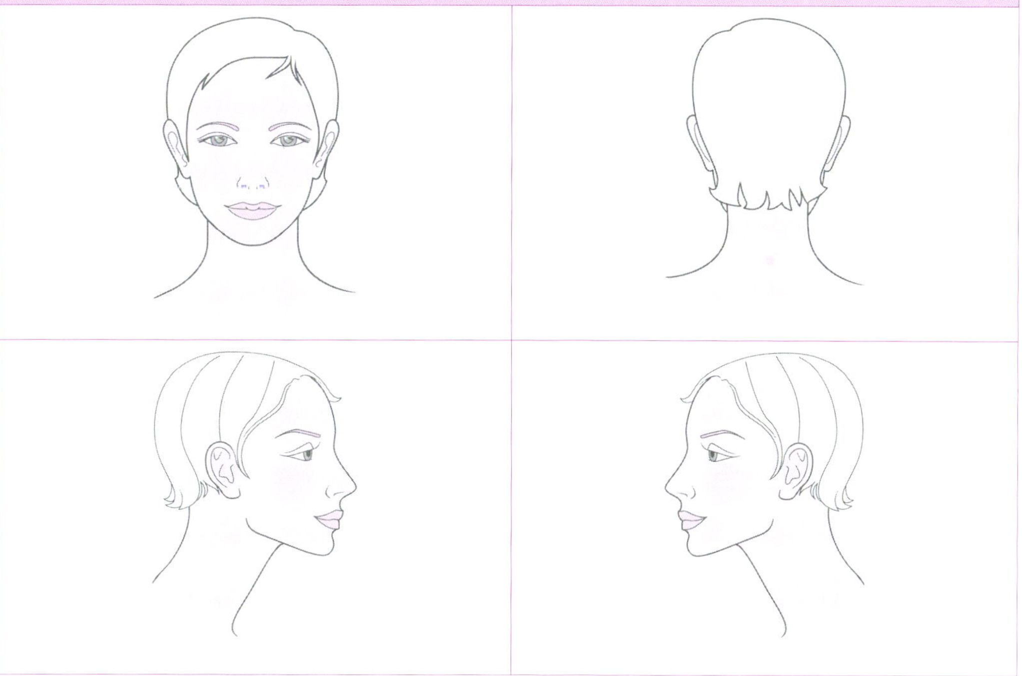

7. 두피 상태(사진)

8. 관리 프로그램(관리 순서, 사용기기)

9. 홈 케어 상담 및 생활습관 조언

10. 고객 소감

Chapter 6

트리콜로지 실습 14

담당자 :

1. 고객 정보		
① 고객이름		비고
② 고객연락처		
③ 생년월일		나이:
④ 직업		
⑤ E-mail		
⑥ 주소		

2. 고객 생활 습관			
① 샴푸 횟수(아침, 저녁)	☐ 아침 ☐ 저녁	⑤ 수면 상태 (취침 시간, 숙면 여부)	,
② 다이어트(Y/N)	☐ Y ☐ N	⑥ 운동(Y/N)	☐ Y ☐ N
③ 흡연(Y/N)	☐ Y ☐ N	⑦ 건강상태(약복용)(Y/N)	☐ Y ☐ N
④ 음주(Y/N)	☐ Y ☐ N	⑧ 스트레스 강도	☐ 상 ☐ 중 ☐ 하

3. 샴푸습관	
① 샴푸종류	
② 샴푸횟수	
③ 모발 건조 습관	☐ 완전히 건조 ☐ 적당히 건조 ☐ 뿌리만 건조 ☐ 건조하지 않음

4. 헤어제품 사용 및 두피 관리 경험	
① 스타일링제, 헤어제품	
② 탈모제품 사용	☐ Y ☐ N
③ 두피관리 경험	☐ Y ☐ N
5. 두피 진단 정보(문진, 사진)	
① 두피 타입	☐ 지성 ☐ 건성 ☐ 예민성 ☐ 혼합형
② 피지 분포	☐ 많음 ☐ 보통 ☐ 적음
③ 두피상태(두피칼라)	☐ W ☐ R ☐ Y
④ 비듬	☐ 유 ☐ 무
⑤ 염증	☐ 유 ☐ 무
⑥ 두피 냄새	☐ 심함 ☐ 적절 ☐ 없음
⑦ 두피 온도	☐ 높다 ☐ 적절 ☐ 낮다
⑧ 탈모증	☐ 유 ☐ 무
⑨ 유전 여부	☐ 유 ☐ 무
6. 부위별 문제점(두피, 탈모, 두상 및 경추 경직 상태)	

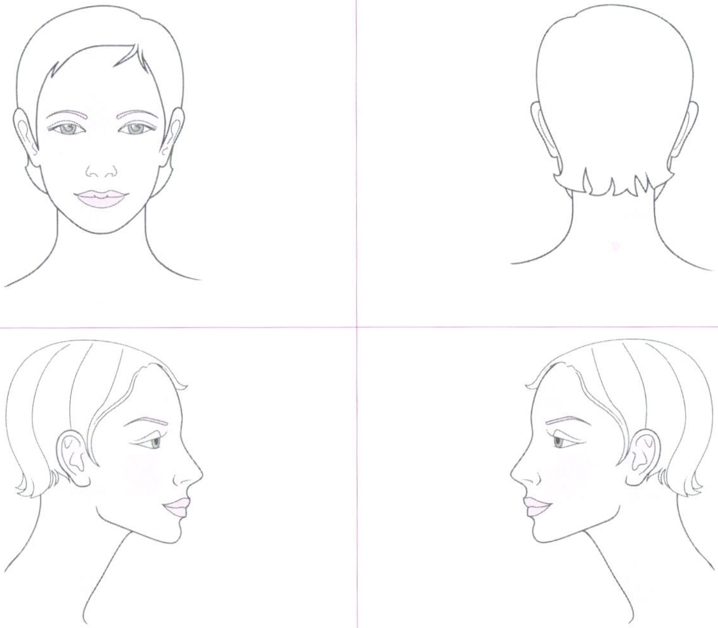

7. 두피 상태(사진)

8. 관리 프로그램(관리 순서, 사용기기)

9. 홈 케어 상담 및 생활습관 조언

10. 고객 소감

Chapter 6.

트리콜로지 실습 15

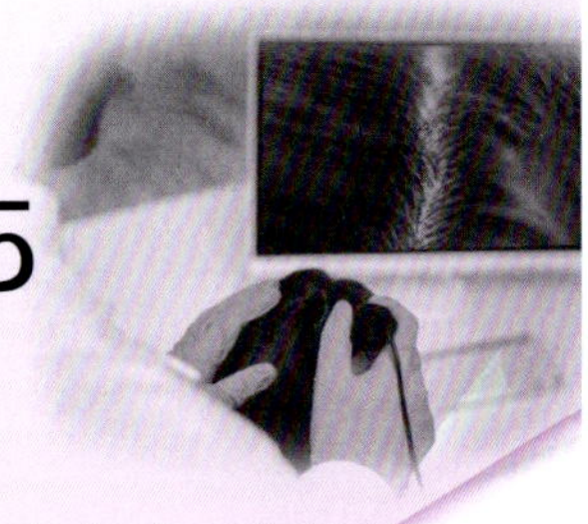

담당자 :

1. 고객 정보		
① 고객이름		비고
② 고객연락처		
③ 생년월일		나이:
④ 직업		
⑤ E-mail		
⑥ 주소		

2. 고객 생활 습관			
① 샴푸 횟수(아침, 저녁)	☐ 아침 ☐ 저녁	⑤ 수면 상태 (취침 시간, 숙면 여부)	,
② 다이어트(Y/N)	☐ Y ☐ N	⑥ 운동(Y/N)	☐ Y ☐ N
③ 흡연(Y/N)	☐ Y ☐ N	⑦ 건강상태(약복용)(Y/N)	☐ Y ☐ N
④ 음주(Y/N)	☐ Y ☐ N	⑧ 스트레스 강도	☐ 상 ☐ 중 ☐ 하

3. 샴푸습관	
① 샴푸종류	
② 샴푸횟수	
③ 모발 건조 습관	☐ 완전히 건조 ☐ 적당히 건조 ☐ 뿌리만 건조 ☐ 건조하지 않음

4. 헤어제품 사용 및 두피 관리 경험	
① 스타일링제, 헤어제품	
② 탈모제품 사용	☐ Y ☐ N
③ 두피관리 경험	☐ Y ☐ N

5. 두피 진단 정보(문진, 사진)	
① 두피 타입	☐ 지성 ☐ 건성 ☐ 예민성 ☐ 혼합형
② 피지 분포	☐ 많음 ☐ 보통 ☐ 적음
③ 두피상태(두피칼라)	☐ W ☐ R ☐ Y
④ 비듬	☐ 유 ☐ 무
⑤ 염증	☐ 유 ☐ 무
⑥ 두피 냄새	☐ 심함 ☐ 적절 ☐ 없음
⑦ 두피 온도	☐ 높다 ☐ 적절 ☐ 낮다
⑧ 탈모증	☐ 유 ☐ 무
⑨ 유전 여부	☐ 유 ☐ 무

6. 부위별 문제점(두피, 탈모, 두상 및 경추 경직 상태)	
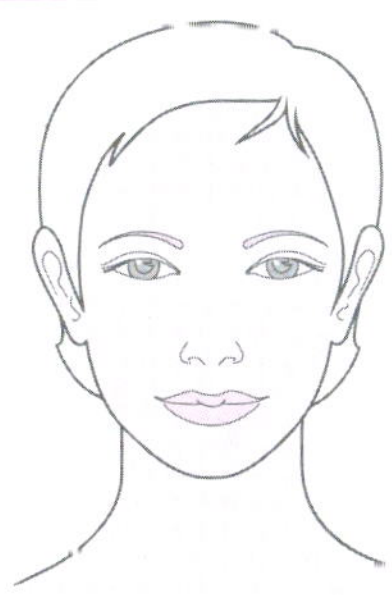	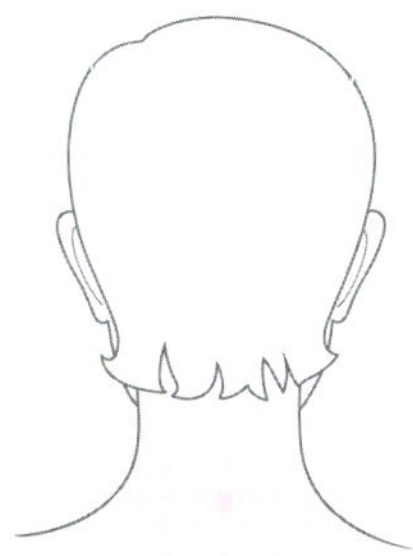
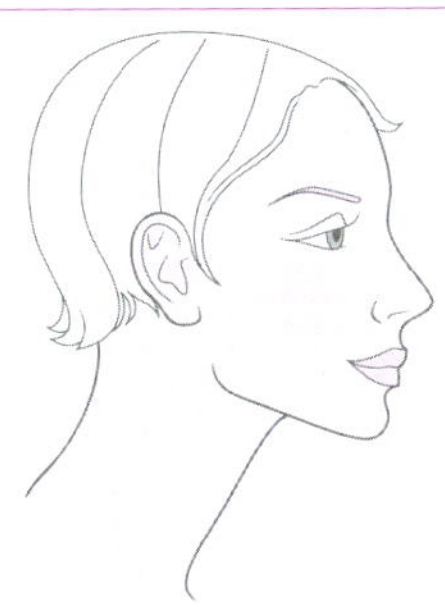	

7. 두피 상태(사진)

8. 관리 프로그램(관리 순서, 사용기기)

9. 홈 케어 상담 및 생활습관 조언

10. 고객 소감

Chapter 6

트리콜로지 실습 16

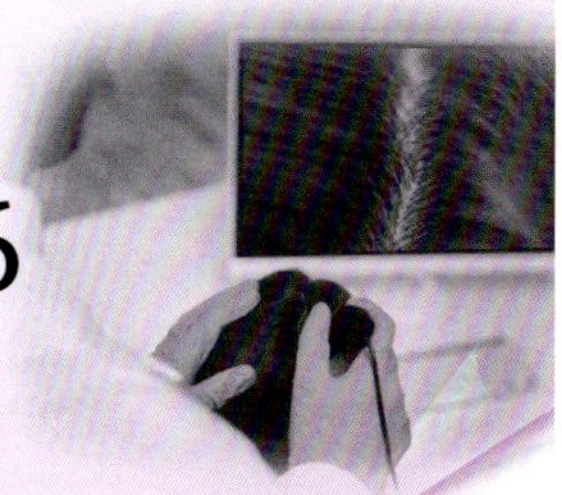

담당자 :

1. 고객 정보		
① 고객이름		비고
② 고객연락처		
③ 생년월일		나이:
④ 직업		
⑤ E-mail		
⑥ 주소		

2. 고객 생활 습관			
① 샴푸 횟수(아침, 저녁)	□ 아침 □ 저녁	⑤ 수면 상태 (취침 시간, 숙면 여부)	,
② 다이어트(Y/N)	□ Y □ N	⑥ 운동(Y/N)	□ Y □ N
③ 흡연(Y/N)	□ Y □ N	⑦ 건강상태(약복용)(Y/N)	□ Y □ N
④ 음주(Y/N)	□ Y □ N	⑧ 스트레스 강도	□ 상 □ 중 □ 하

3. 샴푸습관	
① 샴푸종류	
② 샴푸횟수	
③ 모발 건조 습관	□ 완전히 건조 □ 적당히 건조 □ 뿌리만 건조 □ 건조하지 않음

4. 헤어제품 사용 및 두피 관리 경험	
① 스타일링제, 헤어제품	
② 탈모제품 사용	□ Y □ N
③ 두피관리 경험	□ Y □ N
5. 두피 진단 정보(문진, 사진)	
① 두피 타입	□ 지성 □ 건성 □ 예민성 □ 혼합형
② 피지 분포	□ 많음 □ 보통 □ 적음
③ 두피상태(두피칼라)	□ W □ R □ Y
④ 비듬	□ 유 □ 무
⑤ 염증	□ 유 □ 무
⑥ 두피 냄새	□ 심함 □ 적절 □ 없음
⑦ 두피 온도	□ 높다 □ 적절 □ 낮다
⑧ 탈모증	□ 유 □ 무
⑨ 유전 여부	□ 유 □ 무

6. 부위별 문제점(두피, 탈모, 두상 및 경추 경직 상태)

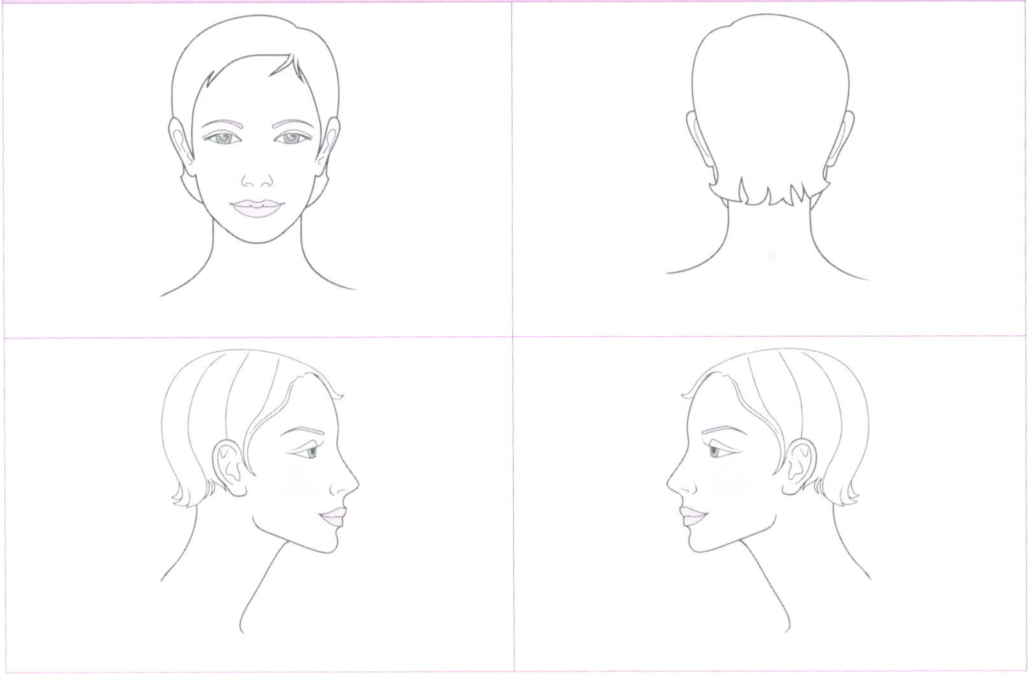

7. 두피 상태(사진)
8. 관리 프로그램(관리 순서, 사용기기)
9. 홈 케어 상담 및 생활습관 조언
10. 고객 소감

Chapter 6

트리콜로지 실습 17

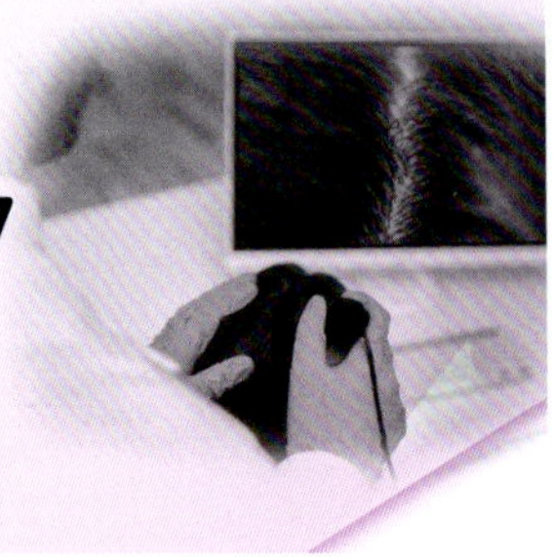

담당자 :

1. 고객 정보		
① 고객이름		비고
② 고객연락처		
③ 생년월일		나이:
④ 직업		
⑤ E-mail		
⑥ 주소		

2. 고객 생활 습관			
① 샴푸 횟수(아침, 저녁)	□ 아침 □ 저녁	⑤ 수면 상태 (취침 시간, 숙면 여부)	,
② 다이어트(Y/N)	□ Y □ N	⑥ 운동(Y/N)	□ Y □ N
③ 흡연(Y/N)	□ Y □ N	⑦ 건강상태(약복용)(Y/N)	□ Y □ N
④ 음주(Y/N)	□ Y □ N	⑧ 스트레스 강도	□ 상 □ 중 □ 하

3. 샴푸습관	
① 샴푸종류	
② 샴푸횟수	
③ 모발 건조 습관	□ 완전히 건조 □ 적당히 건조 □ 뿌리만 건조 □ 건조하지 않음

4. 헤어제품 사용 및 두피 관리 경험	
① 스타일링제, 헤어제품	
② 탈모제품 사용	□ Y □ N
③ 두피관리 경험	□ Y □ N

5. 두피 진단 정보(문진, 사진)	
① 두피 타입	□ 지성 □ 건성 □ 예민성 □ 혼합형
② 피지 분포	□ 많음 □ 보통 □ 적음
③ 두피상태(두피칼라)	□ W □ R □ Y
④ 비듬	□ 유 □ 무
⑤ 염증	□ 유 □ 무
⑥ 두피 냄새	□ 심함 □ 적절 □ 없음
⑦ 두피 온도	□ 높다 □ 적절 □ 낮다
⑧ 탈모증	□ 유 □ 무
⑨ 유전 여부	□ 유 □ 무

6. 부위별 문제점(두피, 탈모, 두상 및 경추 경직 상태)

7. 두피 상태(사진)

8. 관리 프로그램(관리 순서, 사용기기)

9. 홈 케어 상담 및 생활습관 조언

10. 고객 소감

Chapter 6

트리콜로지 실습 18

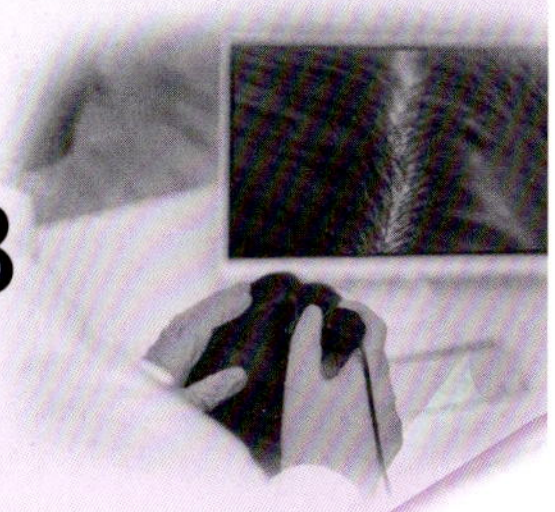

담당자 :

1. 고객 정보		
① 고객이름		비고
② 고객연락처		
③ 생년월일		나이:
④ 직업		
⑤ E-mail		
⑥ 주소		

2. 고객 생활 습관			
① 샴푸 횟수(아침, 저녁)	□ 아침 □ 저녁	⑤ 수면 상태 (취침 시간, 숙면 여부)	
② 다이어트(Y/N)	□ Y □ N	⑥ 운동(Y/N)	□ Y □ N
③ 흡연(Y/N)	□ Y □ N	⑦ 건강상태(약복용)(Y/N)	□ Y □ N
④ 음주(Y/N)	□ Y □ N	⑧ 스트레스 강도	□ 상 □ 중 □ 하

3. 샴푸습관	
① 샴푸종류	
② 샴푸횟수	
③ 모발 건조 습관	□ 완전히 건조 □ 적당히 건조 □ 뿌리만 건조 □ 건조하지 않음

4. 헤어제품 사용 및 두피 관리 경험	
① 스타일링제, 헤어제품	
② 탈모제품 사용	□ Y　□ N
③ 두피관리 경험	□ Y　□ N

5. 두피 진단 정보(문진, 사진)	
① 두피 타입	□ 지성　□ 건성　□ 예민성　□ 혼합형
② 피지 분포	□ 많음　□ 보통　□ 적음
③ 두피상태(두피칼라)	□ W　□ R　□ Y
④ 비듬	□ 유　□ 무
⑤ 염증	□ 유　□ 무
⑥ 두피 냄새	□ 심함　□ 적절　□ 없음
⑦ 두피 온도	□ 높다　□ 적절　□ 낮다
⑧ 탈모증	□ 유　□ 무
⑨ 유전 여부	□ 유　□ 무

6. 부위별 문제점(두피, 탈모, 두상 및 경추 경직 상태)

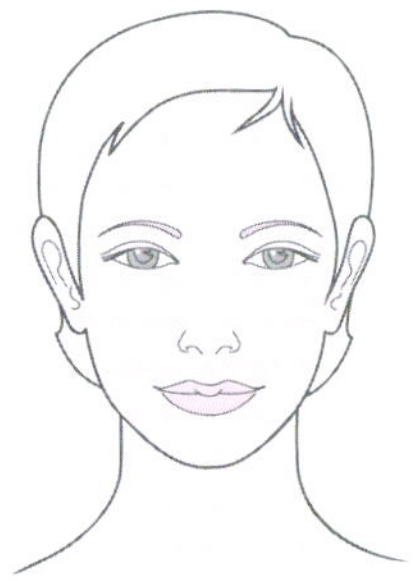

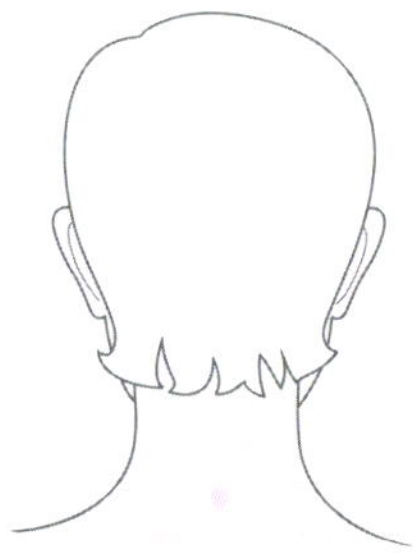

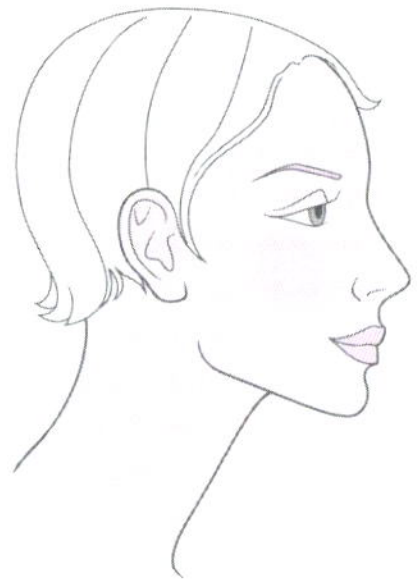

7. 두피 상태(사진)

8. 관리 프로그램(관리 순서, 사용기기)

9. 홈 케어 상담 및 생활습관 조언

10. 고객 소감

참고 문헌

- 임은진 외 7인, "두피모발관리학", 메디시언, 2018.
- 김옥연, "손에 잡히는 모발과학", 메디시언, 2019.

두피 모발관리학 실습
스터디 가이드 북

2021년 3월 10일 초판 인쇄
2021년 3월 15일 초판 발행

저 자 배근혜 · 강주희 · 김종란
김홍희 · 오세옥 · 주은령

발행인 주병오 · 주민기

발행처 메디시인

주 소 경기도 파주시 회동길 209
파주출판문화도시
영업팀 (031) 955－7566 · 7577
편집디자인팀 (031) 955－7731
F A X (031) 955－7730
홈페이지 www.ji-gu.co.kr
전자우편 jigupub@hanmail.net
등록번호 2005년 2월 16일 제 406-2005-000045호

ISBN 979-11-90839-21-1 값 15,000원